国家自然科学基金项目(41571012、40901005 和 41230743)资助出版

金沙江干热河谷区泥石流发育特征与易发性评价

JINSHAJIANG GANRE HEGUQU NISHILIU FAYU TEZHENG YU YIFAXING PINGJIA

陈 剑　黎 艳　吴赛儿　著

中国地质大学出版社
ZHONGGUO DIZHI DAXUE CHUBANSHE

图书在版编目(CIP)数据

金沙江干热河谷区泥石流发育特征与易发性评价/陈剑,黎艳,吴赛儿著. —武汉:中国地质大学出版社,2016.12
ISBN 978-7-5625-3967-4

Ⅰ.①金…
Ⅱ.①陈…②黎…③吴…
Ⅲ.①金沙江-河谷-泥石流-研究
Ⅳ.①P642.23

中国版本图书馆CIP数据核字(2016)第287530号

金沙江干热河谷区泥石流发育特征与易发性评价	陈 剑 黎 艳 吴赛儿 著
责任编辑:舒立霞 党梅梅	责任校对:代 莹
出版发行:中国地质大学出版社(武汉市洪山区鲁磨路388号)	邮政编码:430074
电 话:(027)67883511　　传真:67883580	E-mail:cbb@cug.edu.cn
经 销:全国新华书店	http://www.cugp.cug.edu.cn
开本:787毫米×1092毫米 1/16	字数:148千字　印张:5.75
版次:2016年12月第1版	印次:2016年12月第1次印刷
印刷:武汉市籍缘印刷厂	印数:1—500册
ISBN 978-7-5625-3967-4	定价:38.00元

如有印装质量问题请与印刷厂联系调换

目 录

第一章 绪 论 …………………………………………………………………………（1）

　第一节 研究背景及意义 …………………………………………………………（1）

　第二节 国内外研究现状 …………………………………………………………（2）

　第三节 研究意义 …………………………………………………………………（5）

第二章 区域地理地质概况 …………………………………………………………（6）

　第一节 自然地理 …………………………………………………………………（6）

　第二节 地形地貌 …………………………………………………………………（6）

　第三节 地质构造 …………………………………………………………………（8）

　第四节 水文气象 …………………………………………………………………（11）

　第五节 社会经济及人类活动 ……………………………………………………（11）

第三章 泥石流的发育特征 …………………………………………………………（13）

　第一节 研究区泥石流的分布 ……………………………………………………（13）

　第二节 泥石流发育与流域特征的关系 …………………………………………（18）

　第三节 泥石流的沉积特征 ………………………………………………………（20）

　　一、泥石流的沉积相类型 ………………………………………………………（20）

　　二、粒度特征 ……………………………………………………………………（22）

　　三、地球化学特征 ………………………………………………………………（23）

  第四节 泥石流的年代学特征 …………………………………………… (25)

    一、测年原理与方法 ………………………………………………………… (25)

    二、光释光测年技术 ………………………………………………………… (26)

    三、测年样品的采集和处理 ………………………………………………… (27)

    四、测年结果和分析 ………………………………………………………… (28)

    五、孢粉分析 ………………………………………………………………… (30)

第四章 子流域单元划分 …………………………………………………… (33)

  第一节 洼地填充 ………………………………………………………………… (35)

  第二节 水流方向提取 ………………………………………………………… (35)

  第三节 提取河网 ………………………………………………………………… (36)

  第四节 子流域提取 …………………………………………………………… (37)

第五章 泥石流易发性评价因子 ……………………………………………… (39)

  第一节 泥石流形成条件 ……………………………………………………… (39)

    一、物源条件 ………………………………………………………………… (39)

    二、地形地貌条件 …………………………………………………………… (40)

    三、水文气象条件 …………………………………………………………… (42)

  第二节 泥石流易发性评价指标体系 …………………………………………… (44)

    一、地层岩性 ………………………………………………………………… (45)

    二、断裂构造 ………………………………………………………………… (49)

    三、坡度 ……………………………………………………………………… (49)

    四、坡向 ……………………………………………………………………… (49)

    五、流域相对高差 …………………………………………………………… (49)

    六、流域系统地貌信息熵值 ………………………………………………… (49)

    七、6—9月份月均降雨量 …………………………………………………… (50)

    八、植被归一化指数 ………………………………………………………… (51)

第六章　泥石流易发性评价模型及应用 ·· (52)

　　第一节　泥石流灾害概况 ··· (52)

　　第二节　泥石流易发性评价 ·· (55)

　　　一、指标熵模型 ·· (55)

　　　二、影响因子敏感性分析 ·· (56)

　　　三、泥石流易发性评价 ·· (62)

第七章　泥石流评价结果检验 ·· (66)

第八章　结　论 ·· (69)

主要参考文献 ·· (71)

附　表 ·· (79)

第一章 绪 论

第一节 研究背景及意义

泥石流是发生在山区的一种常见的地质灾害,其形成条件复杂,爆发突然,破坏力强,它的发生常毁坏交通设施、植被耕地、居民住房等,严重影响了山区的工程建设活动,阻碍了山区的经济发展,对人们的生命财产造成巨大威胁。世界上很多国家都遭受过严重的泥石流灾害,如东非乌干达 2010 年 3 月 1 日爆发的泥石流灾害造成 94 人死亡,320 人失踪,3 个村庄被掩埋(Liang et al,2012);2011 年 1 月 11 日,巴西里约热内卢州山区因强降雨引发滑坡和泥石流,造成 900 多人死亡(Gomes et al,2013;Dolif et al,2013);2014 年 8 月到 10 月,尼泊尔各地由暴雨诱发的泥石流灾害,造成 500 多人死亡,20 万人无家可归。我国泥石流灾害遍布 26 个省市的广大地区,共有上万条泥石流沟流域,平均每年造成的直接经济损失高达 10 亿元之多,死亡人数近千人,是世界上泥石流灾害最严重的国家之一(李阔等,2007),如云南东川素有"天然泥石流博物馆"之称,东川区内发育大型沟谷型泥石流 87 条,坡面泥石流上千处(刘洪江等,2004);2008 年 5 月 12 日汶川地震以来,映秀、北川、清平等地爆发了多次泥石流灾害(Xu et al,2013);2010 年 8 月 8 日,甘肃舟曲爆发特大泥石流灾害,造成 1463 人遇难,302 人失踪。人类不合理经济活动的加剧,给生态环境带来严重破坏,使生态环境更加脆弱,泥石流、滑坡等灾害日益频繁。泥石流易发性评价图反映了一个地区潜在泥石流灾害爆发的空间分布,能为山区区域规划及经济建设的宏观决策提供依据。

3S 技术是遥感技术(RS)、地理信息系统(GIS)和全球定位系统(GPS)的统称。它将计算机、传感器、卫星定位与导航、空间通信等学科技术相结合,是对空间信息采集、处理、分析、表达、传播和应用的现代信息技术。3S 技术在独立发展的同时相互渗透,遥感技术主要用于获取地形地貌及地理空间信息数据,全球定位系统主要用于地理信息的空间查找定位,地理信息系统主要用于对地理数据的管理、更新和分析等。20 世纪 90 年代以来,伴随着电子计算机技术、空间技术、通信技术及地球科学的发展,3S 技术发展迅速,被越来越多地应用到地学领域中。其中 GIS 技术处理海量数据的能力及强大的空间分析及制图可视化能力,为泥石流的易发性及危险性评价的智能化及可视化提供了高效便捷的手段(杨军等,2008;付小林等,2004)。

对一个地区潜在的泥石流灾害进行易发性评价,分析各个流域中泥石流的易发性程度,有助于人们了解所处的自然环境的安全程度,选择安全的地点、恰当的施工方法进行工程建设活动;有助于制定减灾防灾避险对策,确保人们的生命财产安全。泥石流灾害具有很大的地域特性,它的发生与一个地区的地质条件、地形地貌、水文气象条件等多种因素息息相关。目前还没有形成一套完整统一的泥石流易发性评价体系,泥石流易发性评价指标的选取、指标权重的确定、评价结果精度的检验等存在很多亟待解决的问题。目前对泥石流进行易发性评价多采用栅格单元,但是栅格单元忽略了泥石流的流域特性,影响评价结果的准确性,并且基于栅格单元的泥石流易发性区划图对于区域工程建设及防灾减灾工作指导有一定的局限性。20 世纪 90 年代以来,3S 技术的飞速发展及其与其他学科理论相结合,为泥石流灾害的易发性评价提供了更加快速便捷的手段,同时信息技术的迅猛发展也促使政府国土部门对区域泥石流易发性评价精度及区划图的工程应用价值有了更高的要求。

金沙江奔子栏—昌波河段属于干热河谷区,地形陡峻、高山峡谷地形发育,地质条件复杂,泥石流灾害频繁发生。泥石流灾害对当地农田、公路、水利水电工程等设施构成威胁,严重影响了当地的工程建设活动及经济发展。目前,关于金沙江干热河谷区的泥石流发育特征、成因及其易发性评价方法尚缺乏深入系统的研究。随着西南地区大开发的进展及社会经济的发展,人类对自然的改造日益加剧,生态环境愈加脆弱,开展区域泥石流灾害的发育规律及易发性评价研究,对于最大限度地保障当地人民生命和财产安全,降低次生泥石流灾害的危害具有重要的现实意义。

第二节　国内外研究现状

泥石流一直是国际灾害学领域研究的热点,国外有关泥石流易发性及危险性的研究开始较早,技术也比较成熟,我国在这一方面起步较晚,技术也比较落后(李阔等,2007)。1928 年美国地质学家 Blackwelder E 教授在《美国地质协会通报》上发表了第一篇关于泥石流的论文——*Mud flows as a geologic agent in semi-arid mountains*,主要探讨了泥石流的成因和运动过程,开启了地学界泥石流科学研究的旅程。19 世纪后半期,俄国

Б. И. 斯塔科特夫邦基工程师初次提到了泥石流的相关成因和危险度问题。1977 年日本足立胜治等学者首次从地貌条件、泥石流形态和降雨三方面进行泥石流危险度的判定研究(足立胜治等，1997)，为其后泥石流危险度研究开辟了道路。1977 年，加利福尼亚 Menlo Park 地质调查局的 Nilsen 和 Brabb 首次将 GIS 技术引入到地质灾害调查研究中，基于 GIS 平台对加利福尼亚 San Francisco 地区的地质灾害进行调查研究(Nilsen et al, 1977)。1980 年瑞典学者 Eldeen 将洪水危险度的研究模型应用到滑坡危险度研究中；1981 年美国学者 Hollingsworth 和 Kovacs 将因子叠加法应用到滑坡危险度的评估中(Hollingsworth et al, 1981)，这些方法为泥石流易发性评价研究提供了思路，特别是因子叠加原理，在目前基于 GIS 的泥石流易发性评价中应用广泛。1984 年伦敦大学皇家学院 Hansen 教授对滑坡泥石流危险性评价总结内容(Hansen, 1984)，奠定了滑坡泥石流危险性及易发性研究的理论基础。遥感技术从诞生之日起以卓越的优势受到地学领域研究学者的高度关注，并逐步被广泛用于地质灾害的识别、调查、分析和评价等领域。20 世纪 70 年代末期，很多学者开始将 GIS 技术与遥感技术相结合，进行地质灾害调查。1984 年著名滑坡专家 Varnes 提出借助遥感技术完成区域滑坡调查和识别；1977—1988 年美国利用遥感技术完成了加利福尼亚地区滑坡泥石流灾害的危险性编目工作，并对该区暴雨型滑坡泥石流灾害进行危险度评价(Ellen et al, 1988；Wieczork, 1984)，本次研究开启了大范围区域泥石流易发性评价研究的新篇章，为区域泥石流危险性及易发性评价工作提供了较好的示例。其后，日本高桥保、久保田哲从建筑物的损害与泥石流堆积厚度的关系、短历时的有效降雨量和降雨强度等不同的角度进行泥石流危险度判定(高桥保等，1988；久保田哲等，1990)，极大地丰富了泥石流危险及易发性研究的思路和内容。

20 世纪 90 年代以来，计算机信息技术快速发展，使得 GIS 技术与 RS 技术更好更快的融合发展，促使泥石流滑坡灾害易发性评价更加便捷，克服了泥石流易发性评价和制图费工费时的难题。GIS 技术的快速发展和应用，将地质灾害区域评价变得更加高效和智能化，随着多学科理论的完善与融合，泥石流易发性评价也得到空前发展，由定性评价向着半定量及定量评价发展，涌现出多种滑坡泥石流易发性定量评价方法(Carrara et al, 1991；Dikau, 1990；Takahashi, 1981；Wadge, 1988；Mark, 1992；Chung et al, 2003；Hürlimann et al, 2006)。代表性的有：1991 年意大利学者 Carrara 系统总结了近年来有关滑坡、泥石流等地质灾害制图的技术方法和存在的问题，为后来学者的有关研究奠定了基础；1996 年美国学者 Han 等以数值模拟技术代替传统的物理模拟的计算机技术，对泥石流危险度进行了定量评价；2000 年 Johnson 利用 GIS 技术，完成了泥石流危险度评价系统的开发(胡浩鹏，2007)；Guzzetti 用概率方法建立了滑坡危险性定量评价模型(Guzzetti et al, 2005, 2006)。近年来，很多学者将 3S 技术与其他学科更好的结合进行泥石流滑坡易发性、危险性评价,使得评价方法更加多样化、标准化,表现为多指标定量化及基于GIS的多因子叠加。Tien 和 Lee 等采用人工神经网络法进行滑坡泥石流易发性评价(Pradhan et al,2009,2010;Yilmaz,2010;Bui et al,2012;Elkadiri et al,2014);Yalcin 和 Pourghasemi 等采用层次分析法进行滑坡泥石流易发性评价(Yalcin,2008;Pourghasemi et al,2012,2013);Lee 和 Esper Angillieri 等采用逻辑回归模型对泥石流的易发性进行定量评价(Lee et al,2007;Esper,2013);除此之外,还有指标熵模型(Bednarik et al,2010;Constantin et al,2011;Pourghasemi et al,2012;Devkota et al,2013)、信息量模型(Sarkar et al,2008)、Bayes 条件概率模型(Sujatha et al,2014)、逻辑模糊模型(Blais-Stevens et al,2012)等,这些方法主要是通过统计泥石流滑坡灾害的分布及其影响因子间的相互关系来进行泥石流易发性评价。

与国外相比,国内泥石流易发性评价研究起步较晚。20 世纪 70 年代以前我国地质灾害研究主要局限于灾害点的分布规律、形成机理、趋势预测等方面的研究,主要是灾害体本身的定性描述(张春山等,2003)。80 年代以来,随着我国地质灾害研究工作的全面展开,泥石流易发性评价研究由定性研究向定量研究迅速发展。1982 年王礼先发表的《关于荒溪分类》一文,在国内首次对泥石流进行定义。1986 年谭炳炎对泥石流的危险度进行了定性研究,他提出的泥石流危险度的数量化综合评判法在铁路部门得到了推广和应用,从而为国内泥石流易发性评价指明了方向。1988 年刘希林所著的《泥石流危险度判定的研究》一文被视为我国泥石流危险度研究的开端,将定性分析与定量分析有效地结合起来,首次提出了多因子综合评判模型,为后期泥石流易发性评价奠定了基础。90 年代以后,3S 技术在泥石流易发性评价得到广泛应用(陈晓清等,1999;刘希林,2000;张若琳等,2013;丛威青等,2006;胡桂胜等,2012;宁娜等,2013),随着国内外泥石流易发性评价研究技术理论的不断发展创新,很多数学模型被引入到泥石流易发性评价中,丰富了泥石流的易发性评价方法,使得泥石流易发性评价更加精确客观。代表性的有:刘洪江和唐川等采用主成分分析法与 GIS 技术结合进行泥石流易发性评价(刘洪江等,2005;王金亮等,2013)。唐川和邹强等采用条件概率模型定量分析了泥石流的空间敏感性(唐川,2005;邹强等,2012)。铁永波和王学良等将层次分析模型引入泥石流易发性评价研究中(铁永波等,2006;王学良等,2011;Liu et al,2012)。近几年,逻辑回归模型在泥石流易发性评价研究中也被广泛应用(Xu et al,2012;冯策等,2013;邹强等,2014)。2008 年汶川地震以后,李雅辉、杨武年和许强等学者对地震区泥石流的发育特点、物源条件、活动趋势进行了研究(谢洪等,2009;唐川,2010;李雅辉,2011;唐尧等,2012)。

20 世纪 90 年代以来,随着信息技术的发展及各学科理论的不断完善与创新,通过国内外学者的不懈努力,泥石流易发性评价从单一的、定性评价发展为综合的定量化评价。

虽然成果丰硕,但也存在一些问题,目前还没有一套完整系统的泥石流易发性评价体系,表现为:评价指标的选取没有统一的原则,指标权重的确定存在较大的主观性,评价结果检验方面的研究还不完善等。由于泥石流的发育一般具有典型的区域性和流域特性,采用栅格单元进行泥石流易发性评价则忽略了泥石流的流域特性,进而会影响泥石流易发性评价的精度。

第三节 研究意义

基于上述背景,作者通过遥感解译、现场调查和统计分析,结合前人已有成果,建立了金沙江干热河谷区的区域地质环境数据库,深入分析了研究区泥石流的发育特征。根据泥石流的流域特点,对研究区进行小流域单元划分。针对研究区独特的地形地貌、地质条件和地域气候等特点,系统分析了泥石流的形成条件,筛选泥石流形成的重要影响因子。基于泥石流沟流域和泥石流沟物源区两种数据,采用指标熵模型对泥石流进行单因子敏感性分析,并采用权重系数法和层次分析法分别计算影响因子的权重,在此基础上构建泥石流的易发性评价模型。最后基于小流域单元开展泥石流的易发性评价并对其评价结果进行检验。

第二章 区域地理地质概况

第一节 自然地理

奔子栏—昌波河段位于我国西南横断山区,地处四川与云南、西藏交接的金沙江上游(图2-1),属于典型的干热河谷气候,"干热河谷",当地人民称它们为"干坝子"或"干热坝子",是横断山区最突出的自然景观之一(张荣祖,1998),不仅在科学上引人注目,而且由于这类河谷中气温偏高,大部分地区没有"死冬",雨量偏少,但是有河水及地下水资源可利用,一向是农业发展的中心地域。随着我国大西南山区的开发,干热河谷的地位日显重要,堪称横断山区的"宝地"(Chen et al,1998)。

第二节 地形地貌

研究区地处横断山脉的青藏高原向云贵高原及四川盆地的过渡地带,主山脉与金沙江呈近南北向延伸,右岸以走向北北西-南南东的宁静山构成了金沙江和澜沧江的分水岭,宁静山山势陡峻,切割强烈,山脉由北向南倾斜,绝对高度大都在4000m以上,高峰多在5000m以上,相对高差1000～1500m;往南,由于河流下切能力增强,高山峡谷地形十分发育,相对高差可达2000m左右,在芒康一带有残留高原面,海拔4200～4300m。左岸沙鲁里山构成金沙江和雅砻江的分水岭,沙鲁里山是一个山顶面起伏和缓的山体,可称为山原,代表保存完整的夷平面,海拔多为4500～4700m,河流比降较缓。山原面上的山岭,海拔一般在5500m以上,其中有些山峰海拔达6000m以上,终年积雪并有现代冰川分布。研究区地形表现出在大地构造控制和新构造运动影响下的高山峡谷特征。在主山脉两侧又广泛发育着东西向的河谷支流,江河侵蚀、切割剧烈,形成山高、陡坡、谷深的主要地形地貌形态,地形以构造剥蚀高中山为主,山间盆地和堆积地形不发育,沿河地段一般为河

第二章 区域地理地质概况

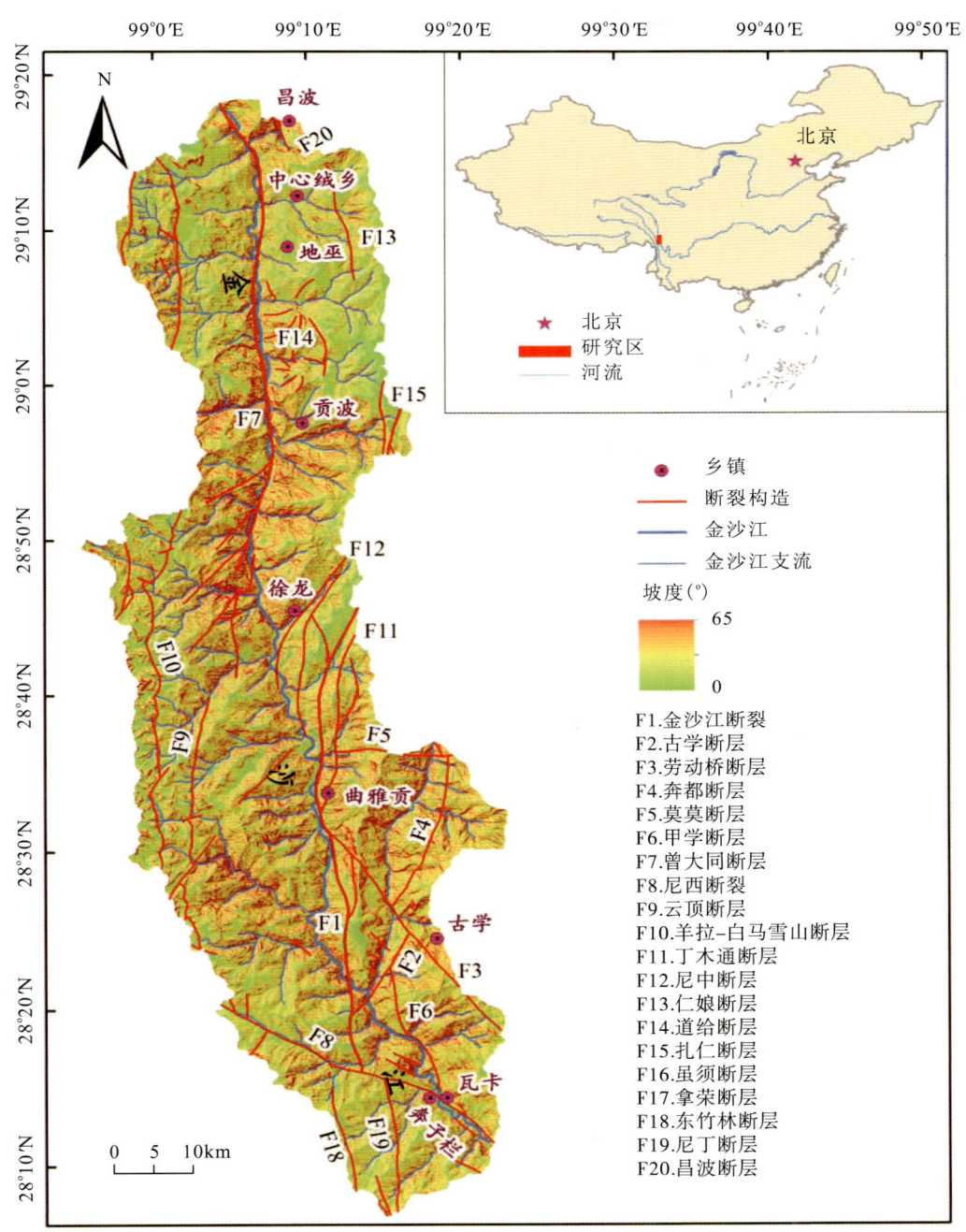

图 2-1 研究区地理位置图

流阶地,阶面微向河谷倾斜,阶地顶部堆积有1~2m厚的冲洪积卵石、碎石、砂砾、黏土。金沙江上游河谷形态基本上属于深切峡谷,相对高差一般为1000~1500m,只有在某些地段出现宽谷,此段的支沟众多,支沟切割强烈,沿江地形陡峻,岩体破碎(姚鑫等,2007)。峡谷地段谷坡陡、河床窄,宽度在60~110m之间,水流湍急。

第三节 地质构造

研究区处于地壳强烈抬升阶段,构造活动强烈(徐锡伟等,2005;伍先国等,1992),但地震活动性相对较弱,历史记录的地震震级均小于6级(图2-2)。始新世以来,随着印度板块与欧亚板块的进一步碰撞,区域整体抬升,第四纪更新世以来,晚喜马拉雅构造运动波及全区至全新世,使该区进一步抬升,形成今日雄伟壮丽的雪山深谷。在高耸的雪山之上有现代冰川堆积,在深切的峡谷之中现代洪积、冲洪积物十分发育。地壳剧烈上升不仅表现在金沙江等河谷的强烈下切,也表现在第四纪全新世以来广泛的冰川活动及冰蚀地形在不同高度上的显示,如在梅里雪山、白茫雪山表现出冰川活动的4个小冰期,4个小冰期的活动与高程逆增的情况,除说明该区全新世以来气候变暖、雪线上升外,也说明地壳剧烈上升。

研究区构造行迹以南北向为主,纵贯南北的金沙江断裂带将研究区分为东、西两个不同的构造区(图2-3)。金沙江断裂带为研究区的主断裂带,规模大、作右行扭动,是一条具压扭特征的逆冲断裂带,南部在奔子栏附近被尼西断裂所错移。东部构造区主要发育5组断层:古学断层是金沙江断裂带的次级构造断裂,为兼有水平错动的正断层;劳动桥断层位于古学东侧,两盘地层接触处岩石破碎,为逆冲型断层;奔都断层全长约50km,为张扭性正断层;莫莫断层位于奔都南部,断层走向近东西;甲学断层延伸长度约16km,为张扭性正断层。西部构造区发育的断裂带主要有:尼西断裂为一条晚期活动性的逆冲型断层;曾大同断裂带南段有破碎带发育;云顶断层南延被北西向尼西断裂所截,为压扭性逆断层;羊拉-白马雪山断层为尼西断裂所错移,沿断裂带两侧有明显的动力变质及挤压破碎带存在,属压扭性逆断层。

全新世以来活动性较明显的断裂有梅里雪山深断裂、德钦-沙冲大断裂、羊拉-白马雪山断裂、金沙江深大断裂和奔子栏-白马雪山断裂。这些断裂活动历史悠久,第三纪(古近系+新近纪)以来都有不同程度的继承性活动的表现,活动性质为右旋走滑,活动断裂不仅控制了各时代地层的分布和岩浆活动,也影响了水系的发育以及地热和地震活动。

第二章 区域地理地质概况

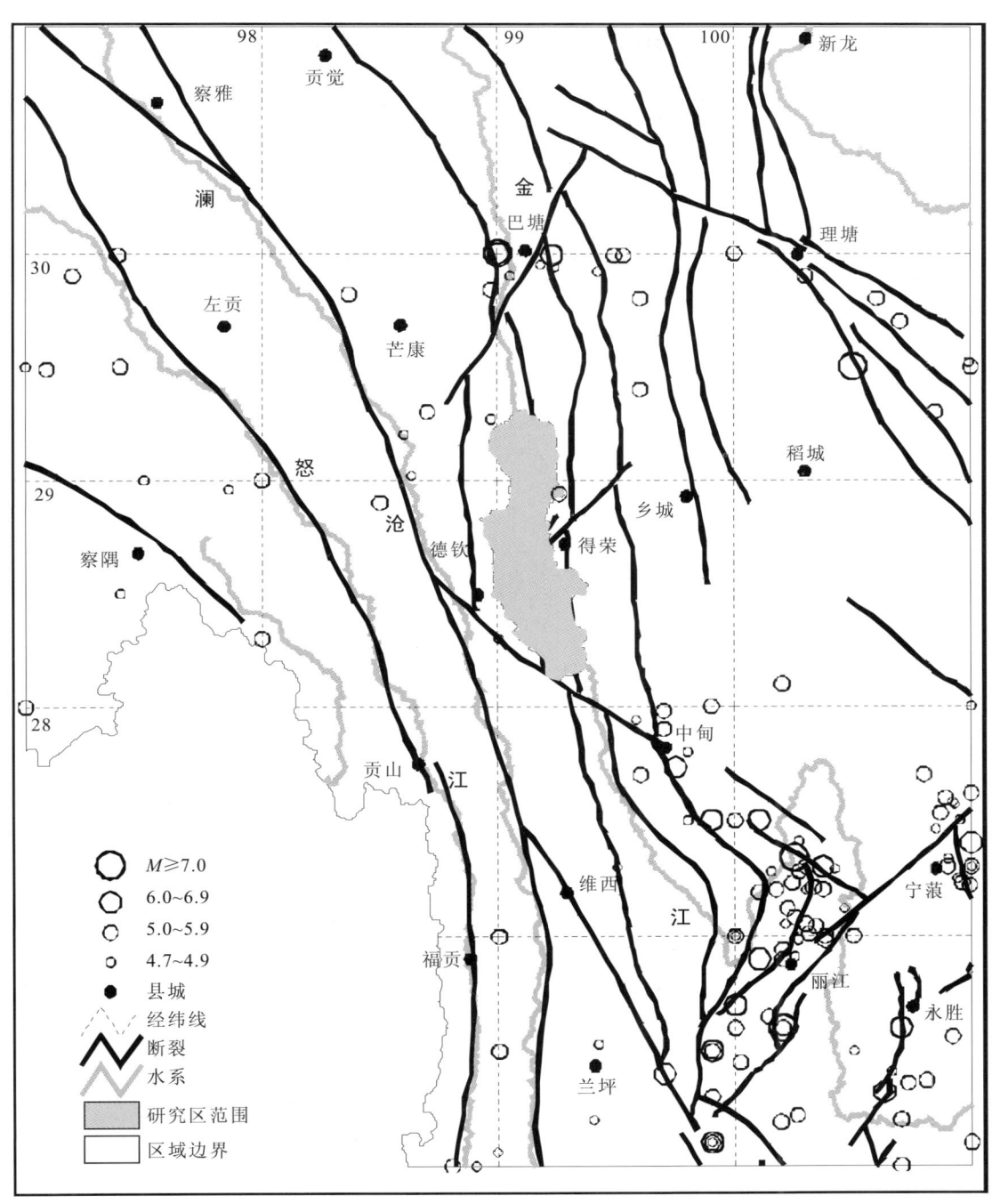

图 2-2 研究区及邻区地震分布图

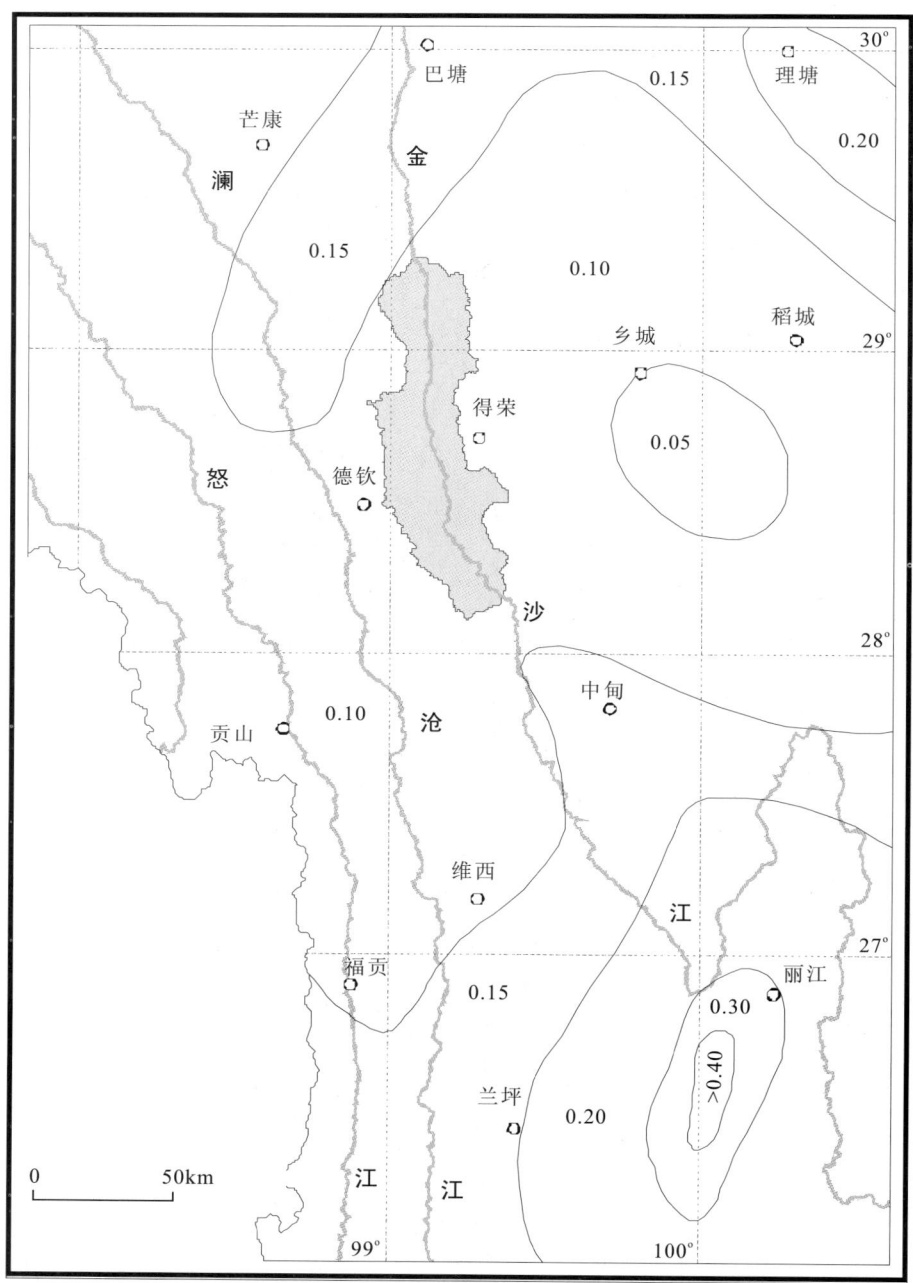

图 2-3 研究区及邻区地震动峰值加速度区划示意图

第四节 水文气象

研究区降雨量主要来源于西南季风和东南暖湿气流的影响,气候受海拔的影响较大,纬度影响不甚明显,随着海拔的升高,气温降低,而降雨量增大。高山峡谷地形对降雨起着再分配的作用,由于两岸高山对峙,使水汽很难进入,形成所谓的"雨影区",为横断山区降雨最稀少的地区。金沙江河谷奔子栏到得荣一带,年降雨量只有 300mm 左右,巴塘至得荣间金沙江河谷年降雨量少于 400mm(Chen et al,2008;陈剑等,2010;黎艳等,2015)。同时降雨季节分布极不均匀,存在明显的雨季和旱季,雨季从 6 月至 9 月,雨量非常集中,一般占全年降雨的 80% 以上。

研究区水系发育,金沙江的上游段河床从海拔 4081m 降至 1808m,天然落差 2273m,河长 1165km,河道平均比降 1.95‰,最大比降可达 15‰。金沙江是横断山区水量最丰富的河流,年平均流量上游段增长缓慢,干流的径流年季变化不大,最大水年流量与多年平均流量之比为 1.35 左右;最小水年平均流量与多年平均流量之比为 0.5~0.8,上游略大于下游。在巴塘,干流平均流量为 924m³/s。

研究区属于典型的干热河谷气候,干燥度在 1.5~3.99 之间,属于半干旱气候,金沙江是横断山区发育最盛的江河,以干热、干暖两类型为主(姚鑫等,2007),该区自然条件较为特殊,年、日以及垂直高度不同气温变化都极大。年内最高气温在金沙江河谷地区每年 6 月可达 30℃ 以上,最低气温在一般高山区每年 1—2 月可达 -30℃。海拔 5000m 以上的区域终年覆盖积雪,有现代山岳冰川发育。每年 6—10 月为暖季,其中 7—9 月属主要降雨期,海拔 4000m 以下雨量充沛,以上则常常降雪,气候多变;11 月至次年 5 月为寒季,其中 12 月至次年 2 月属主要降雪期,往往大雪纷飞,海拔 3000m 以上地区一片银白。

第五节 社会经济及人类活动

干热河谷区热量充裕,水源充沛,雨热同季,有利于农作物生长,以种植业为主,其收入占农业总收入的 50% 以上,种植业中又以粮食作物为主,一般均占总播种面积的 80% 以上,大春作物玉米、大豆和薯类等旱作物占主要地位,小春作物小麦、青稞和豆类亦占一定比重,蔬菜及其他经济作物发展较少,比重低。林、牧、副业生产在干热河谷地区十分薄弱,在农业总收入中的比重普遍偏低,大多数地区仅占农业总收入的 20%~30%。受地形条件的影响,研究区可耕种土地较少,绝大部分河谷中比较平坦的土地几乎全被利用,即使比较优良而平缓的耕地,由于水源和水利建设程度不同,各地水分供应差别较大,集约经营的水平仍然较低,灌溉保证率低,农事缺水现象频繁,提高粮食单产受到限制。

　　研究区生态环境脆弱,表现为:由于水分不足,自然植被中乔木层发育不好,形成以灌木或高草为主的单层优势,植被结构较单一;旱季由于植被休眠,发育受到抑制,导致生物产量不高,地表凋零物较少,分解快,土壤腐殖层发育较差,保水性弱;另外,区内人类工程活动主要为道路修建、农业耕作。由于地形条件差,道路修建挖填量较大,边坡的切坡范围大,对坡体的扰动严重,对原始地形改造明显。其次人类开荒耕种活动较少,一般集中于拟建公路河谷阶地区,耕种活动改变了坡体表面土体原始结构,导致土体结构变疏松,水土涵养能力下降,生态环境恶化。在金沙江两岸、山间河谷等地势相对较平坦区域,零散分布有乡村居民房屋,房屋修建亦在一定程度上对自然环境造成了影响。总体来说,研究区人类活动对地质环境的影响强烈,对地质环境条件破坏较严重,一定程度上制约了区域的经济发展。

第三章　泥石流的发育特征

第一节　研究区泥石流的分布

研究区独特的地理地质环境为泥石流的发育提供了有利的条件，致使研究区范围内泥石流分布广泛。遥感解译和现场调查表明，在研究区范围内，直接进入金沙江干流河谷和主要支流的沟谷型泥石流共有73条，涉及流域面积1269.07km²，如图3-1所示。

研究区泥石流沟的流域地貌特征统计数据见表3-1。现场考察表明，泥石流的发育特征如下。

表3-1　研究区泥石流沟的流域地貌特征一览表

室内编号	岸别	最大主沟长度(km)	流域平面面积(km²)	流域表面面积(km²)	流域起伏度	流域相对高差(m)	流域平均坡度(°)
D01	右	6.63	9.18	10.95	1.19	1666	30.4
D02	左	3.28	2.21	2.61	1.18	1492	29.7
D03	右	15.42	52.52	61.81	1.18	2587	29.3
D04	左	4.05	3.76	4.36	1.16	1694	28.6
D05	右	1.95	1.40	1.66	1.19	902	31.2
D06	左	6.68	9.17	10.66	1.16	2336	27.9
D07	右	4.54	5.06	5.74	1.13	1192	26.2
D08	左	6.07	10.48	12.44	1.19	2460	30.6
D09	右	2.37	1.50	2.01	1.34	1531	40.0
D10	左	3.47	1.87	2.24	1.20	1678	32.3

续表 3-1

室内编号	岸别	最大主沟长度(km)	流域平面面积(km²)	流域表面面积(km²)	流域起伏度	流域相对高差(m)	流域平均坡度(°)
D11	右	2.39	0.98	1.22	1.24	1391	35.3
D12	左	3.82	1.39	1.68	1.21	2039	32.3
D13	右	25.83	127.37	148.30	1.16	2846	28.2
D14	右	7.46	15.91	18.85	1.18	2158	29.8
D15	支流	2.89	1.59	1.85	1.16	1338	29.2
D16	支流	6.40	9.81	12.08	1.23	2618	33.7
D17	支流	5.52	10.50	13.06	1.24	2392	34.7
D18	左	4.47	2.98	3.41	1.14	1650	25.7
D19	右	5.69	9.51	11.38	1.20	2131	31.5
D20	右	1.71	0.63	0.79	1.25	977	34.9
D21	左	4.48	2.29	2.58	1.13	1788	23.5
D22	左	2.68	1.35	1.63	1.21	1432	32.0
D23	右	4.28	5.91	7.11	1.20	1504	31.9
D24	右	2.07	1.28	1.50	1.17	832	29.5
D25	左	4.54	2.20	2.55	1.16	1766	25.8
D26	左	4.27	5.63	6.55	1.16	1786	27.7
D27	右	1.25	0.31	0.38	1.23	804	35.2
D28	右	2.49	1.56	1.89	1.21	1131	32.3
D29	右	4.41	3.55	4.19	1.18	1910	30.0
D30	左	3.53	0.32	0.36	1.13	776	25.6
D31	右	2.21	1.37	1.70	1.24	1228	34.7
D32	右	2.77	2.01	2.45	1.22	1253	33.2
D33	左	3.49	0.86	1.04	1.21	1852	31.0
D34	右	1.70	0.65	0.80	1.23	1072	34.6

续表 3-1

室内编号	岸别	最大主沟长度(km)	流域平面面积(km²)	流域表面面积(km²)	流域起伏度	流域相对高差(m)	流域平均坡度(°)
D35	右	2.00	0.85	1.02	1.20	970	32.2
D36	右	9.70	25.60	31.43	1.23	2743	32.9
D37	右	2.68	4.91	2.81	1.23	1428	34.2
D38	左	3.75	3.20	3.95	1.23	1684	34.3
D39	右	2.12	0.92	1.15	1.29	1108	36.2
D40	右	3.27	3.54	4.28	1.21	1515	32.4
D41	左	11.31	41.34	49.68	1.20	2448	31.3
D42	右	1.50	0.93	1.16	1.25	1040	35.3
D43	右	5.68	10.08	11.91	1.18	1990	30.1
D44	左	2.86	0.90	1.05	1.17	1339	29.6
D45	左	3.80	2.32	2.73	1.18	2001	30.8
D46	右	7.93	17.39	20.64	1.19	2396	30.4
D47	左	15.48	53.33	60.57	1.14	2290	25.3
D48	右	2.89	1.28	1.56	1.22	1464	33.7
D49	右	2.21	0.79	0.99	1.25	1342	35.6
D50	左	4.48	5.83	7.13	1.22	2076	33.6
D51	左	7.86	17.47	21.28	1.22	2677	32.7
D52	右	4.92	6.75	8.53	1.26	2255	36.1
D53	右	8.34	18.69	23.10	1.24	2313	34.2
D54	左	12.11	38.73	46.89	1.21	2783	31.4
D55	左	3.70	3.54	4.43	1.25	1925	35.4
D56	左	6.45	9.13	11.43	1.25	2478	35.1
D57	左	12.57	27.60	33.84	1.23	2738	33.1
D58	左	21.20	82.64	99.10	1.20	2733	30.7

续表 3-1

室内编号	岸别	最大主沟长度(km)	流域平面面积(km²)	流域表面面积(km²)	流域起伏度	流域相对高差(m)	流域平均坡度(°)
D59	右	3.29	3.49	4.29	1.23	1721	33.8
D60	左	18.86	64.94	73.04	1.12	2627	24.4
D61	右	7.61	9.46	11.21	1.18	2055	30.3
D62	左	2.78	1.52	1.79	1.18	1707	31.2
D63	左	17.75	96.29	107.66	1.12	2678	24.2
D64	右	14.67	62.83	72.79	1.16	2574	27.8
D65	左	3.77	3.38	3.73	1.10	1506	23.8
D66	右	20.11	109.80	127.94	1.17	2700	28.1
D67	左	8.32	20.30	22.52	1.11	2014	23.5
D68	左	4.68	5.15	5.81	1.13	1578	25.4
D69	左	3.84	3.25	3.68	1.13	1454	26.3
D70	右	9.99	33.09	38.26	1.16	2287	27.5
D71	左	17.38	114.25	129.70	1.14	2659	26.0
D72	左	2.77	2.02	2.41	1.19	1083	30.6
D73	右	15.68	54.43	62.19	1.14	2566	26.1

(1)研究区以沟谷型泥石流为主。对研究区大量泥石流沟的现场调查表明,古泥石流和老泥石流极为发育,表现为在较大冲沟沟口处堆积有面积较大的泥石流堆积扇,扇宽为20~1200m,平均272m,扇长为20~1200m,平均236m。从堆积扇的物质成分来看,主要为砾石、砂及少量黏土,属于黏性泥石流堆积。

(2)现代泥石流相对不发育,规模较小,主要表现为现代泥石流堆积扇的面积较小。

(3)由于金沙江河面狭窄,现代泥石流在主河的堆积挤压主河,形成了金沙江干流的主要险滩。

(4)现代泥石流与老泥石流堆积扇的相互关系表现为,泥石流沟对老泥石流堆积扇形成强烈下切侵蚀,形成最大切割深度可超过30m的冲沟,并在老泥石流堆积扇前缘或两侧位置形成直达主河的侵蚀沟,现代泥石流在冲沟出口处形成堆积扇。

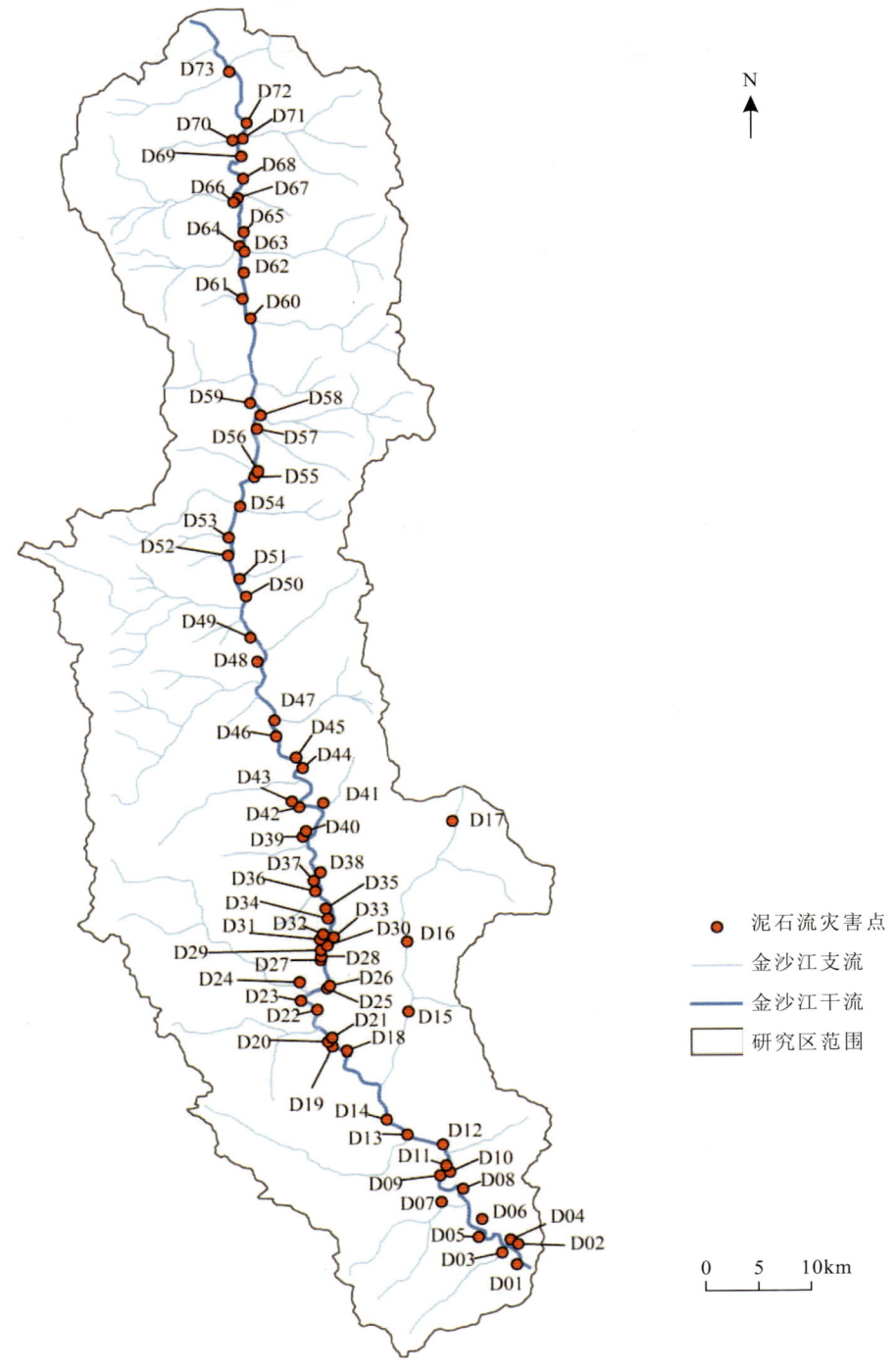

图 3-1 研究区泥石流分布图

第二节 泥石流发育与流域特征的关系

研究区发育的泥石流多属于沟谷型泥石流,沟谷下蚀作用强烈,且沟谷两侧的斜坡岩体结构面十分发育,岩石破碎,两岸常见坍塌体。通过遥感解译及野外调查验证,研究区共发育73条泥石流沟,主要分布在金沙江干流两岸,规模以中、小型为主。通过泥石流沟出口处的位置,利用数字高程模型(DEM),对泥石流沟的流域地貌特征,如最大主沟长度、流域平面面积、流域三维表面积、流域起伏度(为流域三维表面积与流域平面面积的比值)、流域相对高差及流域的平均坡度等参数进行自动提取,可以分析泥石流的发育分布和流域特征的关系。

从图3-2中可以看出,研究区泥石流沟的流域面积一般小于5km²。

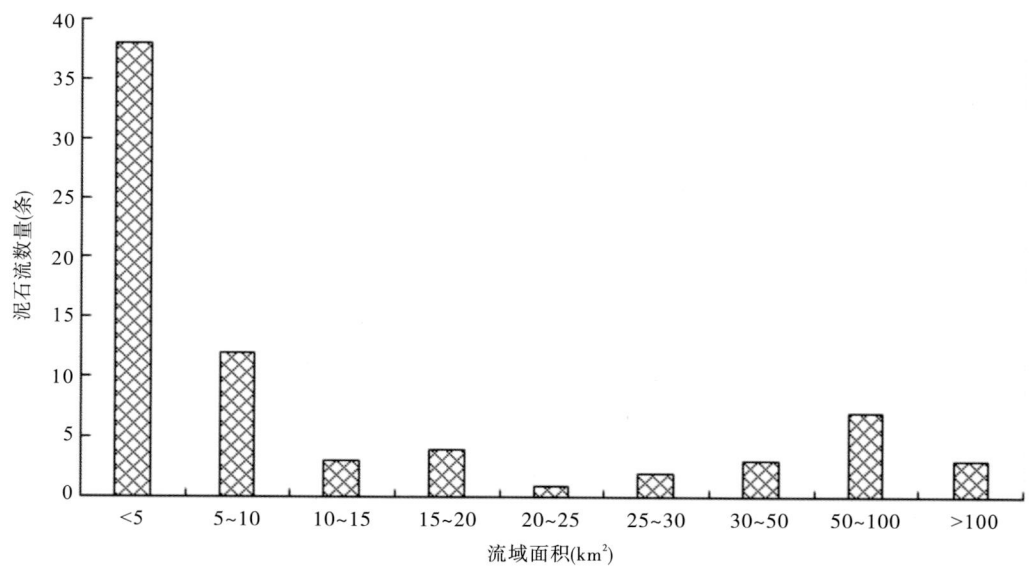

图3-2 泥石流频数与流域面积直方图

由图3-3可以看出,研究区泥石流流域的最大主沟长度一般小于4km,这主要是因为短小冲沟往往落差大,坡度陡,有利于泥石流的启动。而徐龙坝址上游泥石流流域的最大主沟长度相对较长。

流域相对高差的大小反映了泥石流启动和增强泥石流侵蚀能力的水动力条件。从图3-4中可以看出,研究区泥石流流域的相对高差在500～3000m之间,泥石流主要发育于相对高差在1000～3000m的区域。

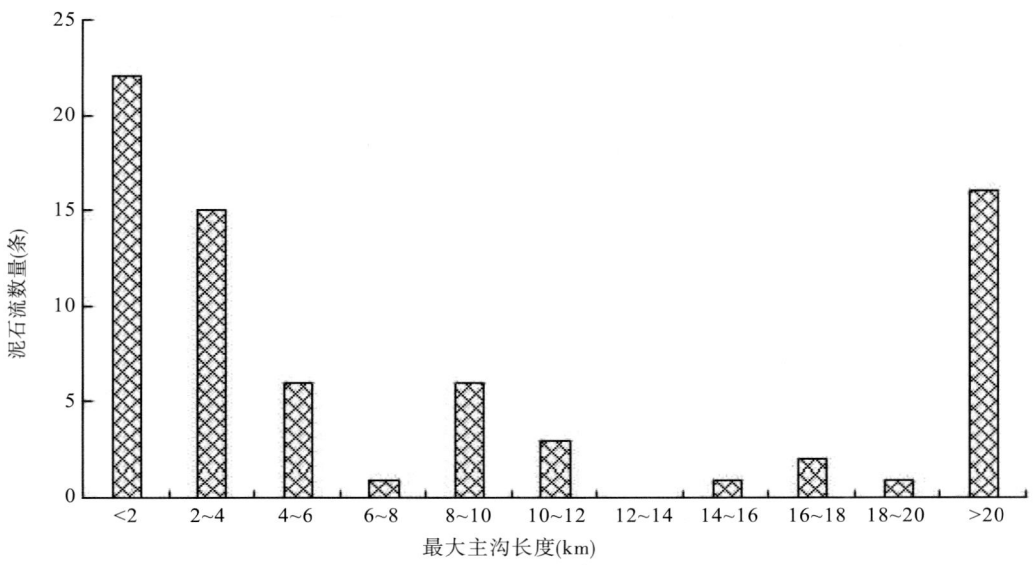

图 3-3　泥石流频数与最大主沟长度直方图

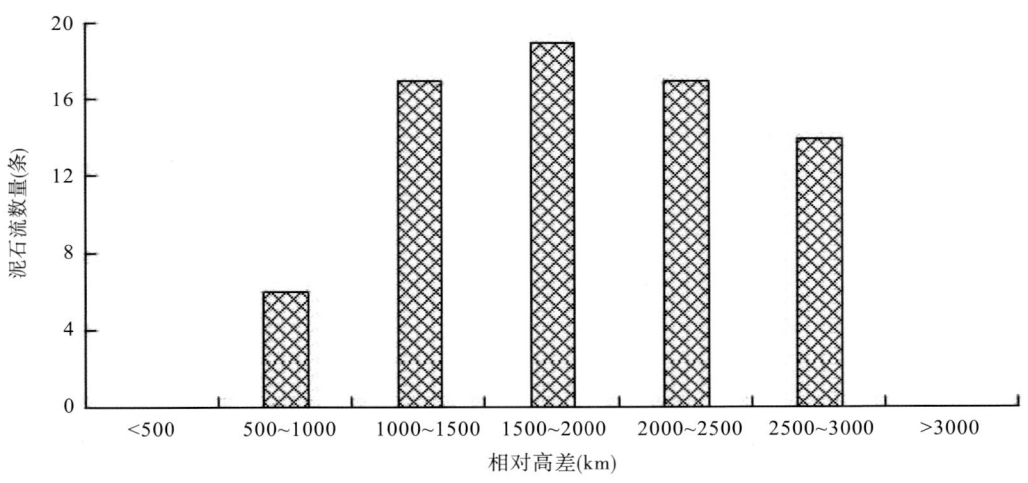

图 3-4　泥石流频数与相对高差直方图

从图 3-5 中可以看出，流域平均坡度对泥石流影响较大。研究区泥石流主要发育于平均坡度在 30°～36°的流域内，这主要是由于如果流域平均坡度过陡，往往为基岩出露区，松散堆积物方量小，缺少形成泥石流的物质基础，而如果流域平均坡度过缓，又会造成形成泥石流的水动力条件不够，从而形成洪流。

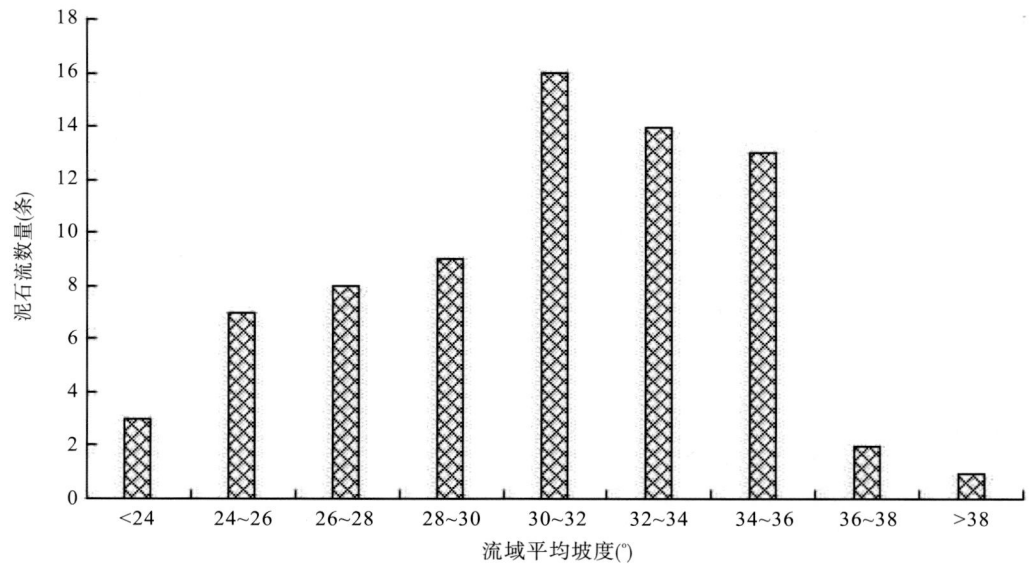

图 3-5 泥石流频数与流域平均坡度直方图

第三节 泥石流的沉积特征

一、泥石流的沉积相类型

泥石流的沉积特征反映了泥石流的搬运和堆积过程及其机制。泥石流的沉积相一般有粗砾泥石流层、细砾泥石流层、冲刷层、冲积层、底泥层等类型(崔之久等,1990,1996)。通过对泥石流的沉积结构、构造、粒度、层与层之间关系的分析,可以将金沙江上游的泥石流划分为6种不同的沉积相类型:

A 相 粗砾泥石流层 该层在剖面中的厚度最大,是泥石流暴发后沉积的主体。它一般具有连续的粒度组成,以砾石为主,从黏土到大漂砾都有,分选性极差。

B 相 细砾泥石流层 该层较 A 相砾石的粒径要小,含细粒物质明显增多,厚度相对较小。

C 相 冲刷层 在泥石流沉积以后,其顶部受到流水的冲刷改造而成。顶部的细粒物质被搬运走后残留下粗粒物质。流水对砾石进行了一定程度的改造,成为具有叠置或镶嵌结构的冲刷砾石层,厚度一般为 20~30cm。

D 相 冲积层 在泥石流形成以后,后期的常年性流水或主河对泥石流的前缘或顶部产生冲积作用形成层理清晰的冲积层,主要由砂、细砂和黏土组成,一般厚约 10~50cm。

E相 底泥层 泥石流在初始阶段铺床过程所形成的。一般厚约10cm,主要由砂和黏土组成,随下伏界面起伏。

F相 风化层 泥石流在形成以后,长时间处于沉积间断,在表层通过长期的风化作用形成一层较薄的红色风化壳,物质成分主要由砾、砂、粉砂和黏土组成。厚度一般为5～20cm。

金沙江奔子栏一带瓦卡泥石流堆积区的沉积相主要表现为粗砾石泥石流层、细砾石泥石流层、冲刷层、底泥层等4种类型(Chen et al,2008)。瓦卡剖面泥石流单元的宏观构造主要为底泥-混杂构造和叠瓦构造,粗砾泥石流层十分发育,厚度大约为1～3m。砾石主要为灰岩和板岩,扁平面倾向上游,倾角一般为15°～20°。砾石的磨圆度差,呈棱角状和次棱角状,钙泥质胶结,且胶结紧密。冲刷层一般反映了沉积间断期,在该剖面中共发现有4次冲刷层,厚度为20～50cm。另外,剖面中出现了一套80cm厚的洪积相灰色砂砾石互层沉积和一套20cm厚的棕黄色泥石流底泥层沉积。根据剖面出露的冲刷层和洪积层的单元层次数,整个剖面自上而下可以划分为7次大的泥石流事件,沉积剖面描述见图3-6。

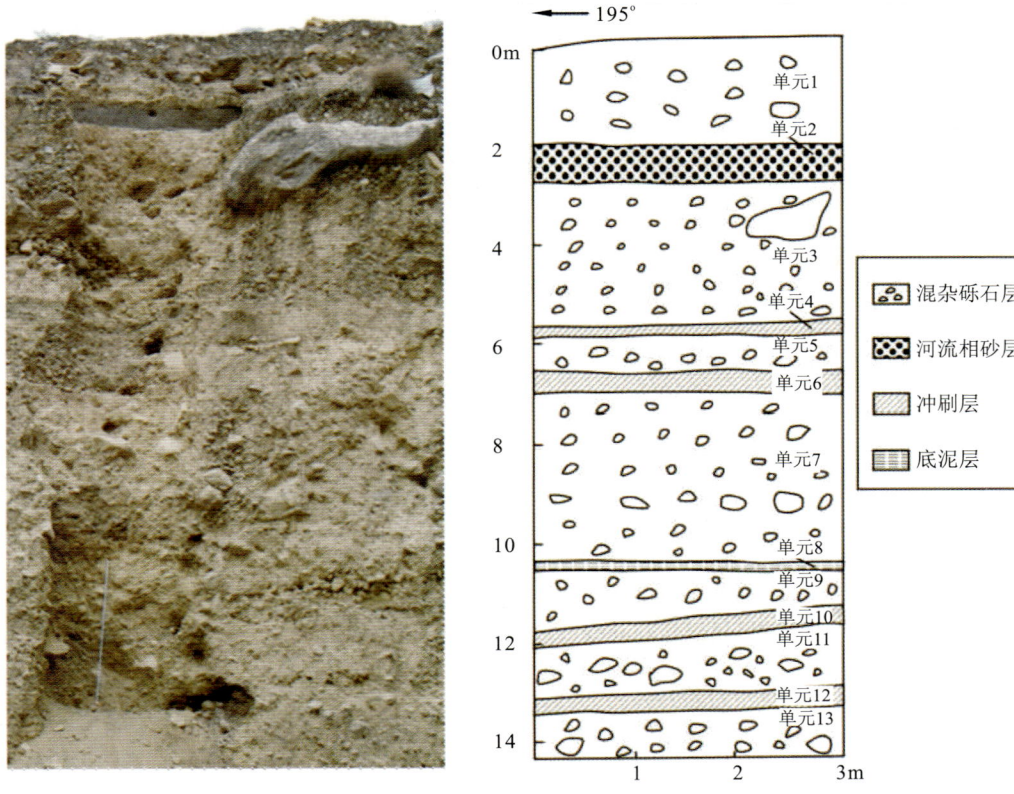

(a) 瓦卡泥石流剖面照片　　(b) 瓦卡泥石流剖面的沉积亚相划分

图3-6 瓦卡泥石流的沉积剖面图

二、粒度特征

泥石流沉积的粒度主要反映了近源的碎屑物质组成,其颗粒的级配对泥石流的运动及沉积规律有很大的影响。

以金沙江上游的瓦卡泥石流为例,我们对泥石流堆积体靠近前缘部分采集了样品进行粒度分析。对于大于0.075mm的颗粒采用筛析法,0.002~0.075mm的颗粒采用密度计法,泥石流的粒度分布曲线见图3-7。瓦卡泥石流沉积物的粒径小于20mm的质量百分比为56%~87%。卵石(大于60mm)的质量百分比约占20%,卵石和砾、砂、粉砂和黏土的含量分别为52%~75%,16%~32%,4%~11%和2%~5%。从大于2mm的粒径百分含量来看,瓦卡泥石流具有黏性泥石流的特征。

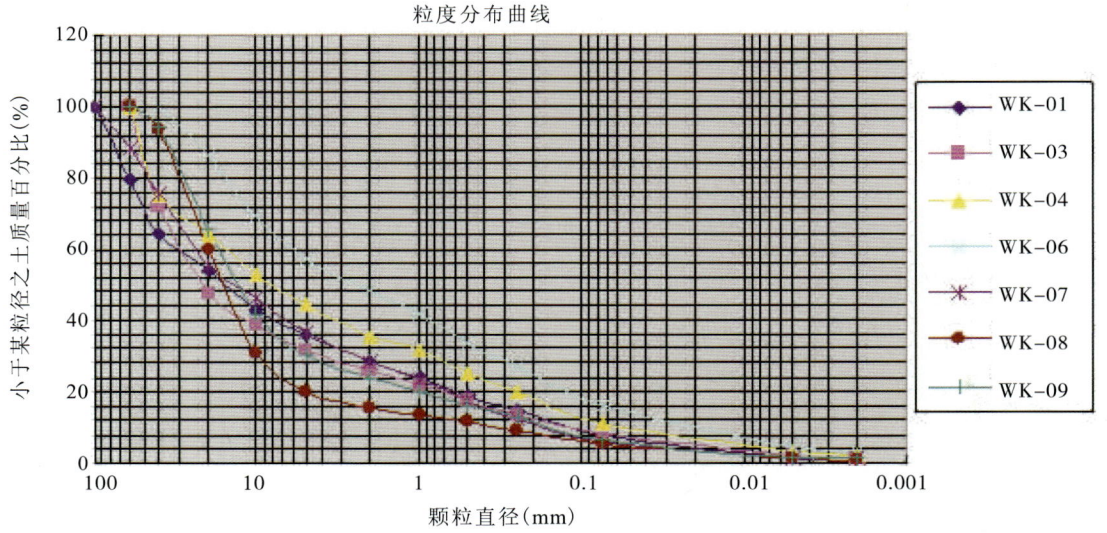

图3-7 泥石流固体颗粒的粒度分布曲线

泥石流样品的粒度福克参数统计见表3-2。从表中可以看出,瓦卡泥石流的沉积物表现出以下几个特征:①卵石和砾石含量较多,含量明显多于砂、粉土和黏土。②泥石流样品的平均粒度(MZ)为-11.10~-1.85ϕ,平均为-8.20ϕ。标准偏差(SI)为2.25~3.93,平均为3.17。偏度(SK)在0.34~0.73之间,平均为0.56。峰值(KUR)为0.43~0.46,平均为0.44。泥石流样品的粒度平均值、粒度标准偏差、偏态、峰态等粒度参数反映出该区泥石流特征为粒级粗,分选性很差。

表 3-2　瓦卡泥石流的样品粒度分析参数统计

样品编号	MZ	SI	SK	KUR
WK-01	-8.36	3.65	0.47	0.44
WK-03	-8.96	3.43	0.73	0.43
WK-04	-6.11	3.93	0.45	0.43
WK-06	-1.85	3.83	0.34	0.46
WK-07	-8.26	3.32	0.51	0.45
WK-08	-10.41	2.32	0.61	0.44
WK-09	-7.70	2.97	0.65	0.44
WK2-01	-8.32	3.48	0.60	0.43
WK2-02	-10.55	2.68	0.71	0.44
WK2-03	-9.49	3.63	0.67	0.44
WK2-04	-7.27	2.51	0.46	0.46
WK2-05	-11.10	2.25	0.49	0.45

三、地球化学特征

我们对瓦卡泥石流剖面的每个单元层进行样品采集后,将样品封好装入塑料袋内。在实验室内,称取约 10g 样品用蒸馏水浸泡,待静置过夜后根据 Stokes 的静水沉降法提取小于 $2\mu m$ 的黏土悬浮液。提取黏粒风干以后,用玛瑙钵磨成粉,然后对黏粒部分进行主量化学元素分析,仪器使用中国科学院地质与地球物理研究所的 X 射线荧光光谱仪 (XRF-1500)。

表 3-3 为瓦卡泥石流沉积物剖面 7 个样品中泥石流黏粒的主量化学元素成分。从元素分析得知,剖面中 SiO_2、MnO、K_2O 含量总体由下向上增加,SiO_2 向上淋失率降低。CaO 的含量由下向上表现为降低的趋势,上部的淋滤作用较强。沉积物 Si/R_2O_3 的比值较低,表明这些沉积物可能是斜坡岩体在遭受强烈风化后再搬运堆积形成。

表 3-3 泥石流沉积物黏粒的主量化学元素

样品编号	SiO$_2$（%）	Al$_2$O$_3$（%）	Fe$_2$O$_3$（%）	MnO（%）	MgO（%）	TiO$_2$（%）	CaO（%）	Na$_2$O（%）	K$_2$O（%）	Si/R$_2$O$_3$
WK-01	33.81	19.40	8.91	0.18	2.55	0.95	6.19	2.56	3.29	2.29
WK-03	34.15	18.69	8.11	0.17	2.64	0.97	9.06	1.95	3.32	2.43
WK-04	34.41	18.61	9.31	0.20	2.89	1.00	7.67	2.04	3.33	2.38
WK-06	29.34	16.69	7.02	0.10	2.44	0.84	15.69	1.04	2.91	2.35
WK-07	29.58	17.08	10.06	0.08	1.85	0.86	11.29	1.75	2.96	2.14
WK-08	31.25	16.47	10.51	0.12	2.94	0.96	10.26	2.22	2.99	2.29
WK-09	19.56	11.50	8.21	0.09	2.13	0.61	21.75	2.51	1.82	1.98

泥石流沉积物中的 HCO_3^- 含量为 0.038%～0.047%，由下向上变化不大；SO_4^{2-} 含量为 0.008%～0.073%；Ca^{2+} 为 0.011%～0.024%，Mg^{2+} 为 0.002%～0.006%，由下向上没有明显变化（表 3-4）。$CaCO_3$ 的百分含量为 15.23%～42.68%，由下向上降低，说明泥石流沉积物的表层淋滤作用明显，同时由于该区灰岩发育，泥石流溶解的灰岩以 $CaCO_3$ 形式被水带到泥石流内部，并在那里开始淀积富集，因而时代越老，淀积的时间越长，$CaCO_3$ 的含量越高。有机质的含量为 0.14%～2.06%，泥石流沉积物中含较多的有机质，说明当时的植被比较发育，气候相对温暖湿润。

表 3-4 瓦卡泥石流沉积物的可溶盐分析

样品编号	pH	可溶盐（%）							CaCO$_3$（%）	有机质（%）
		HCO$_3^-$	SO$_4^{2-}$	Cl$^-$	Ca^{2+}	Mg^{2+}	K$^+$+Na$^+$	全盐		
WK-01	7.87	0.043	0.027	0.004	0.021	0.003	0.001	0.099	15.23	1.09
WK-03	8.12	0.040	0.036	0.003	0.016	0.002	0.012	0.109	24.46	0.33
WK-04	8.01	0.047	0.044	0.003	0.024	0.004	0.006	0.128	21.39	0.71
WK-06	8.27	0.047	0.013	0.002	0.011	0.003	0.007	0.083	38.22	0.49
WK-07	8.03	0.038	0.025	0.003	0.018	0.004	0.0005	0.089	38.62	2.06
WK-08	8.56	0.047	0.008	0.002	0.015	0.003	0.001	0.076	37.92	0.14
WK-09	7.66	0.031	0.073	0.009	0.028	0.006	0.010	0.157	42.68	1.68

第四节 泥石流的年代学特征

第四纪泥石流沉积是山地沉积物的重要类型之一,蕴含了地貌演化、新构造运动或气候变化的重要信息。然而,长期以来,由于泥石流年代学问题一直难以攻克,制约了对第四纪泥石流沉积物的深入研究。对泥石流的形成年代和演化历史等展开深入的研究,对于揭示泥石流的运动机理、活动规律和发展趋势,有效防治泥石流灾害具有重要的指导作用。

一、测年原理与方法

在泥石流研究中的一个难点就是如何准确测定泥石流事件的年龄。从国内外学者对泥石流研究采用的测年方法来看,主要包括历史记录、树木年轮学、碳十四(^{14}C)、热释光(TL)、电子自旋共振(ESR)、宇宙成因核素等(况明生,1995;业渝光等,1995;Matthews et al,1997;Lang et al,1999;Cerling et al,1999;Nott et al,2001;Keefer et al,2003;Marchetti et al,2005)。由于泥石流是一个相对快速的堆积事件,以及受测年方法、适用对象的不同和应用上的限制,在许多情况下,往往需要进行多种测年方法的综合对比才能获得泥石流事件的年龄。近年发展起来的光释光(OSL)测年技术不仅适合于风积物,也适合于河流冲积物和崩积物的定年(Olley et al,1998;Olley et al,1999;Lu et al,2002)。

将光释光测年技术应用于泥石流沉积物的定年估计,目前在国内外尚处于实验阶段。一些学者在研究河流沉积物的光晒退程度方面取得了一些重要的成果,可以通过单片等效剂量值的分布特征来指示样品的晒退程度和均匀性(Murray et al,1995;Olley et al,1999;Fuchs et al,2001;Zhang et al,2003)。一些河流相冲积物和泥石流冲积层的光释光定年研究表明,对泥石流沉积物进行释光测年在技术上是可行的(陈杰等,1999;赵华等,2001;Rittenour et al,2003;Chen et al,2008;Spencer et al,2008)。

1985年Huntley等提出光释光(Optically Stimulated Luminescence,OSL)的测年方法和技术,相对于TL法,OSL测年方法主要有以下优点:①矿物的OSL信号对光敏感,易被晒退,沉积物在搬运和沉积过程中短时间曝光也有可能使碎屑矿物的OSL计时拨回"零点",残留的OSL信号对D_E值测定的影响远小于残留TL对D_E值测定的影响;②OSL测量用低能光束激发矿物释光,类似于矿物在天然状态下的光晒退过程,不致引起测样释光感量的明显变化,有可能用一个测样完成测年;③OSL测量比TL测量简易、方便和精确。

二、光释光测年技术

光照射矿物晶体,尤其是硅酸盐矿物晶体,激发晶体先前储存的电离辐射能,并以光的形式释放出来,就是光释光(OSL)。

Wintle 和 Huntley(1982)在讨论搬运和沉积过程中碎屑矿物 TL 信号的光晒退机制时,曾设想矿物晶体中存在光敏陷阱和非光敏陷阱。矿物受电离辐射产生的激发态电子被前者捕获时成为光敏陷获电子,被后者捕获时成为非光敏陷获电子。光敏电子对光极为敏感,受到光照后逃离陷阱重新与发光中心结合释放出光子,这就是光释光信号。因此,光释光就是通过光激发,使储存在光敏陷阱中的电离辐射能量以光的形式释放出来的过程。

OSL 测年的原理是建立在矿物的 OSL 信号强度与矿物所接受的电离辐射剂量的函数关系上的。可用公式 $In=f(D_E)$ 来表达。

In 为 OSL 信号强度,D_E 为样品埋藏期间吸收的电离辐射剂量,即我们所要获得的等效剂量。

通过 OSL 信号强度的测量,建立 OSL 信号与辐照剂量的关系,可以获得样品埋藏期间所吸收的电离辐射剂量即等效剂量 D_E 值,而 D_E 值又是样品接受的年剂量和样品埋藏时间的函数,即 $D_E=f(D,t)$。D 为样品接受的年辐射剂量,又称环境剂量率,可通过样品中铀、钍、钾和含水量的测量来获得或通过样品的厚源 α 计数及钾含量测定来获得,也可以通过埋藏剂量片测量得到环境剂量率。t 为样品埋藏时间,即样品年龄。

目前常规的释光测年技术根据被测颗粒粗细,一般可分为粗颗粒(90~125μm)、细颗粒(4~11μm)两种测年技术。按照激发光源的波长可以分为 3 种不同的释光测年技术:①用较短波长的绿光光束(波长 514nm)作为激发光源的绿光释光(GLSL);②用红外线[波长(880±80)nm]作为激发光源的红外释光(IRSL);③用波长 470nm 的蓝光作为激发光源的蓝光释光(BLSL)。对于沉积前晒退不充分的样品,颗粒间可能存在差异性晒退现象,因此,对泥石流沉积物选择合适的测试技术十分重要。

OSL 年龄技术可根据公式(3-1)获得样品的释光年龄:

$$A = D_E/D = D_E/(aD_\alpha + bD_\beta + D_\gamma + D_C) \qquad (3-1)$$

式中:A——被测样品的年龄(ka);

D_E——被测样品的等效剂量(Gy);

D——环境剂量率(Gy/ka);

D_α、D_β、D_γ、D_C——环境中 α、β、γ 辐射和宇宙射线提供给样品的剂量率(Gy/ka);

a、b——分别为 α、β 辐射相对于 γ 辐射产生释光的效率,与被测物质的粒径和密度有关,也与 α、β 辐射的平均射程或能量有关。对于沉积物的细颗粒($4\sim11\mu m$)石英(比重 $2.65g/cm^3$)等矿物,$a=0.05\sim0.15$,$b=1$;对于经过 HF 腐蚀的粗颗粒($90\sim126\mu m$)石英,$a=0$,$b=0.9$。

在应用粗颗粒石英进行光释光测年时,年龄计算公式为:

$$A = D_E/(bD_\beta + D_\gamma + D_C) \tag{3-2}$$

与第四纪地质测年的其他方法(如 ^{14}C、U 系等)相比,OSL 测年方法具有自身的特色和优势:①OSL 可直接测定沉积物的沉积年龄,其他测年方法一般不易实现;②用于 OSL 测年的样品容易采集;③OSL 测年适用的时间段较宽,测年范围可达几十万年。由于泥石流是一个快速堆积事件,往往难以找到可作 ^{14}C 测年(包括应用 AMS^{14}C 技术)的同生碳样品,因此在很大程度上限制了 AMS^{14}C 这一高精度测年方法的应用。然而,在泥石流堆积物沉积过程中常常伴随有坡面冲刷和表层冲积作用,这些层理清晰的冲刷层和冲积层为开展光释光(OSL)测年提供了很大的可能性。大量沉积物中的石英和长石晒退实验证明,石英和长石颗粒在搬运及沉积过程中短暂的曝光都有可能使其 OSL 计时器被拨回到接近零点。

三、测年样品的采集和处理

泥石流样品通过采集每个泥石流单元顶部层位的细粒物质(细砂土)来测定年龄;如果泥石流砾石层中无细粒物质,则采集泥石流砾石层上覆或下伏的河流相细砂层样品来界定年龄。采集样品的地点为瓦卡和达日两个大型泥石流扇堆积体。

样品采取过程中具体取样方法:将不锈钢管(口径 50mm)打进干净剖面中的细砂层获得光释光样品,将所取样品放入样管密封后,放入密封性好的样袋里。如果沉积物胶结比较坚硬致密,则选择在夜晚通过挖槽获取块状样品。对所有采集的样品密封直接送到实验室处理。

样品前处理的过程如下:①烘干样品,根据样品粒度组成筛出 $90\sim125\mu m$ 或者 $150\sim180\mu m$ 粒径的颗粒;②依次加入 20%H_2O_2 和 10%HCl,去除有机质和碳酸盐;③经蒸馏水洗净烘干后,用多钨硅酸钠重液分离出其中的石英;④由于重液分离出的石英中难免会夹杂着少量长石,用 40%HF 溶蚀 60 min 去除长石和石英受 α 辐照的外表面,并用红外释光信号来检测石英的纯净度;⑤最后用硅油将少量单层样品颗粒粘在铝片上上机测试。测试在中国科学院地质与地球物理研究所释光测年实验室完成。

年代学研究采用粗颗粒($90\sim125\mu m$ 或 $150\sim180\mu m$)石英 SAR 方法(Olley et al,1999;Murray et al,2000)。预热温度 260℃,持续时间 10s,释光信号测量 100s,样品温

度为125℃。释光测量是在 RisøTL/OSL reader 测量系统上进行,激发光源为波长420nm蓝光,辐照源为 $^{90}Sr/^{90}Y\beta$ 源(辐照剂量率为0.092Gy/s)。每个样品均测量十几个样片,最终样品的等效剂量的确定是通过分析等效剂量的分布情况来确定的(并参考光释光的发光曲线),去除了其中晒退不完全样片的表面等效剂量。

四、测年结果和分析

研究区采集的7个泥石流样品和7个河流阶地样品的光释光测年结果见表3-5。瓦卡泥石流单元12位于泥石流剖面的底层,年龄估计为(10.6±1.9)ka BP,单元2是洪积相砂砾层,位于泥石流剖面的上部,年龄估计为(4.5±1.3)ka BP。测年结果除单元4稍偏老外,其他年龄相互之间均吻合较好,没有发生年龄次序的倒置。瓦卡泥石流的形成时间开始于全新世早期,到全新世中期基本结束。

表3-5 样品年龄测定及其参数值

地点	样品位置	Th ($\times 10^{-6}$)	U ($\times 10^{-6}$)	K (%)	含水量 (%)	埋深 (m)	剂量率 (Gy/ka)	等效剂量 (Gy)	年龄 (ka)
瓦卡	泥石流单元2	5.26	2.08	0.94±0.12	0.28	2.8	1.9±0.5	8.5±1.7	4.5±1.3
	泥石流单元4	9.29	2.02	1.39±0.12	1.15	5.5	2.6±0.5	21.9±5.6	8.5±2.8
	泥石流单元6	6.20	1.41	1.13±0.12	0.83	7.0	1.8±0.9	11.3±4.7	6.3±2.7
	泥石流单元12	5.58	2.05	0.83±0.12	0.59	13.4	1.8±0.1	19.5±3.4	10.6±1.9
	T1上部	11.4	1.84	1.75±0.12	0.31	2.0	3.1±0.2	19.6±5.3	6.4±1.8
	T1下部	9.20	1.81	1.12±0.12	0.19	5.0	2.3±0.1	19.9±4.8	8.5±2.1
	T3上部	9.06	2.01	1.29±0.12	0.44	0.7	2.5±0.5	148.2±40.5	59.8±16.9
	T3下部	7.43	1.69	1.21±0.12	0.25	1.6	2.3±0.5	182.3±46.6	75.2±24.2
达日	泥石流单元2	11.00	3.16	1.13±0.12	0.22	1.0	2.7±0.2	28.6±7.2	10.56±2.75
	泥石流单元8	12.40	2.66	1.29±0.12	0.28	3.5	2.9±0.2	32.1±7.9	11.2±2.8
	泥石流单元14	9.99	2.06	1.37±0.12	0.25	4.5	2.6±0.2	33.2±5.4	12.6±2.4
	T2	10.5	1.95	1.41±0.12	0.25	1.8	2.8±0.1	35.8±4.9	13.1±1.8
	T3上部	13.1	2.81	1.84±0.12	0.28	5	3.5±0.5	186.9±29.4	52.9±11.1
	T3下部	10.2	2.20	1.34±0.12	0.31	5.2	2.7±0.1	144.5±42.8	53.8±16.2

达日泥石流单元 2 靠近泥石流剖面的顶部,年龄估计为(10.56±2.75)ka BP,单元 14 位于剖面的底部,年龄估计为(12.6±2.4)ka BP。达日泥石流剖面的底部和顶部的测年结果表明该泥石流发生时间集中于晚更新世的晚期。

金沙江上游普遍发育三级河流阶地(基座阶地),一级阶地的形成年龄估计为 6.4ka,二级阶地的形成年龄估计为 1.3ka,三级阶地的形成年龄估计为 52.9ka(表 3-6)。瓦卡地区的河流阶地和泥石流沉积剖面示意图见图 3-8。三级阶地的拔河高度分别为 79m、45m 和 28m,各级阶地相对江面高度的下切速率分别为 1.32mm/a,4.25mm/a 和 4.38mm/a,表明河流的下切速率在晚更新世晚期以来发生了很大的变化,具有显著增大的趋势。

表 3-6　金沙江上游的河流下切速率计算

地点	阶地	拔河高度（m）	年龄（ka）	下切速率（mm/a）
瓦卡	T3	79	59.8	1.32
	T2	45	10.6	4.25
	T1	28	6.4	4.38
达日	T3	104	53.8	1.93
	T2	40	13.1	3.05

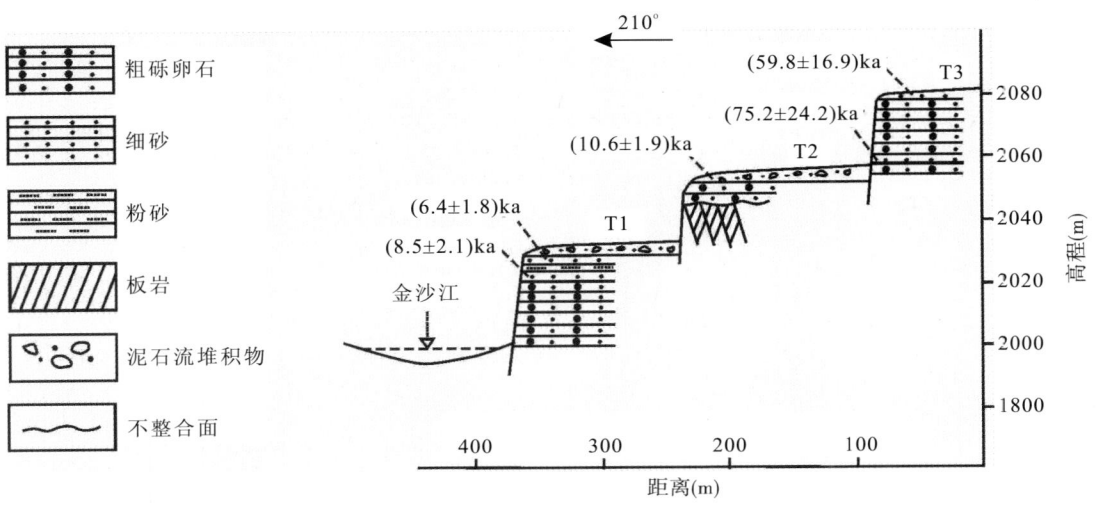

图 3-8　瓦卡河流阶地和泥石流沉积剖面图

五、孢粉分析

干热河谷的现代植被主要以耐旱的灌木和草本植物为主,具有明显的旱生形态:植株矮化、叶片变小,植物体被覆盖白绒毛、具刺等。

对瓦卡剖面的7个泥石流单元分别采样进行植物孢粉分析(表3-7)。该剖面的孢粉组合特征是:乔木植物花粉居多数,均占总数的58.2%,其次还有不多的冷杉、铁杉及桦粉,冷杉、铁杉及桦粉依次分别占总数的5.8%、4.6%及3.3%;灌木及草本植物花粉较少,均占总数的17.1%,其中又以蒿、藜、莎草科及禾本科粉较多,蒿、藜、莎草科及禾本科粉依次分别占总数的4.0%、1.3%、2.1%及1.9%;蕨类植物孢粉少,占总数的8.2%,其中又以水龙骨属孢粉较多,占总数的4.2%。

表3-7 瓦卡泥石流沉积物的孢粉颗粒分析

孢粉名称	df01		df03		df04		df05		df06		df07		df08		df09	
	粒	(%)	粒	(%)	粒	(%)	粒	(%)	粒	(%)	粒	(%)	粒	(%)	粒	(%)
孢子花粉总数	114	100	135	100	115	100	129	100	133	100	136	100	105	100	104	100
乔木植物花粉总数	90	78.9	111	82.2	96	83.5	102	79.1	113	85.0	98	72.1	41	39.1	84	80.8
灌木及草本植物花粉总数	15	13.2	12	8.9	11	9.6	13	10.1	13	9.8	24	17.6	56	53.3	12	11.5
蕨类植物孢粉总数	9	7.9	12	8.9	8	6.9	14	10.8	7	5.2	14	10.3	8	7.6	8	7.7
乔木植物花粉																
冷杉属(Abies)	2	1.8	9	6.7	7	6.1	10	7.8	11	8.3	11	8.1	4	3.8	9	8.6
铁杉属(Tusga)	5	4.4	8	5.9	8	6.9	5	3.9	9	6.8	7	5.1	2	1.9	6	5.8
松属(Pinus)	81	71.1	88	65.2	68	59.1	81	62.8	85	63.9	73	53.6	33	31.4	62	59.6
桦属(Betula)	2	1.8	3	2.2	3	2.6	2	1.6	4	3.0	5	3.7	1	1.0	3	2.9
桤木属(Alnus)					2	1.7	1	0.8	1	0.8					3	2.9
栎属(Quercus)					3	2.6	2	1.6	2	1.5						
胡桃属(Juglans)					2	1.7	1	0.8	1	0.8					3	2.9
榆属(Ulmus)			1	0.7							1	0.7				
椴属(Tilia)			2	1.5	1	0.9	1	0.8								
木犀属(Olieaceae)					2	1.8					1	0.7				

续表 3-7

孢粉名称	df01 粒	df01 (%)	df03 粒	df03 (%)	df04 粒	df04 (%)	df05 粒	df05 (%)	df06 粒	df06 (%)	df07 粒	df07 (%)	df08 粒	df08 (%)	df09 粒	df09 (%)
灌木及草本植物花粉																
榛属(Corylus)	1	0.9														
麻黄属(Ephedra)													2	1.9		
蒿属(Artemisia)	4	3.5	3	2.2	3	2.6	5	3.8	5	3.8	8	5.9	6	5.1	5	4.8
紫菀属(Aster)																
菊科(Compositae)	1	0.9			1	0.9	1	0.8					1	0.7	1	1.0
藜科(Chenopodiaceae)			1	0.7	1	0.9	3	2.3	1	0.8	1	0.7	1	1.0	1	1.0
蓼属(Polygonum)									1	0.8			1	1.0	2	1.9
十字花科(Cruciferae)	1	0.9														
伞形科(Umbelliferae)	1	0.9														
杜鹃科(Ericaceae)									1	0.8	1	0.7				
莎草科(Caperaceae)	4	3.5	6	4.4	2	1.7	2	1.6	3	2.3	2	1.5	2	1.9		
狐尾草科(Myriophyllum)	1	0.9			1	0.9					8	5.9	41	39.0	2	1.9
黑三棱科(Sparganum)											1	0.7				
禾本科(Gramineae)	2	1.8	2	1.5	3	2.6	2	1.6	2	1.5	2	1.5	2	1.9	2	1.9
蕨类植物孢粉																
石松属(Lycopodium)	1	0.9	1	0.7												
卷柏属(Selaginella)	1	0.9					1	0.8			3	2.2	1	1.0		
水龙骨属(Polypodium)	6	5.3	2	1.5	7	6.1	8	6.2	3	2.3	8	5.9	2	1.9	4	3.8
水龙骨科(Polypodiaceae)	1	0.9	1	0.7	1	0.9	1	0.8	3	2.3	2	1.5	5	4.8	4	3.8
紫萁属(Aster)			1	0.7												
膜叶蕨属(Hmenophy!lum)			3	2.2												
铁线蕨属(Adiantum)			2	1.5							1	0.7				
凤尾蕨属(Pteris)			1	0.7					3	2.3						
星蕨属(Microsorium)			1	0.7					1	0.8	1	0.8				

根据该剖面各类植物孢粉的含量,可推知当时各类植物的数量:乔木植物多,可占各类植物总数的 3/4,近 3 倍多于灌木及草本植物和蕨类植物,且于乔木植物中又以可占各类植物总数 1/2 多的温性针叶裸子植物松居多,还有不多的性喜温润及凉湿环境合计可占各类植物总数 1/7 的针叶裸子植物铁杉及冷杉和阔叶被子植物桦;灌木及草本植物和蕨类植物均少,合计仅占各类植物总数的 1/4,且于其中又以习性温润及温性环境合计可占各类植物总数 1/7 的蒿、藜、莎草科、禾本科及水龙骨属等草本植物和蕨类植物较多。

根据各类特性植物及其组成,可以推断该剖面沉积时期的植被属针叶林和阔叶林组合的混合型森林,气候相对温暖较湿。

青藏高原东南缘及邻近地区第四纪泥石流的空间分布和沉积环境表明,泥石流的规律性变化与亚洲季风之间可能存在着动力学关联(Gasse et al,1991;李永化等,2002;Chen et al,2008)。金沙江上游奔子栏—达日地区属于青藏高原东南缘横断山区的干热河谷地带,该区地形陡峻,由于干湿季节分明,日温差变化较大,使得岩石风化作用十分强烈,崩塌滑坡堆积大量发育,这为泥石流的形成提供了丰富的物质来源。暴雨是诱发泥石流形成的一个重要因素,西南季风的加强无疑给金沙江上游干热河谷地区带来了季节性暴雨。金沙江上游瓦卡大型泥石流的沉积构造主要表现为混杂构造层理,且冲刷层十分发育,具有明显的间断沉积特征,反映了明显干湿交替的气候变化和沉积旋回。光释光的年代测试结果表明,金沙江上游古泥石流大规模暴发的年代为 12 600~4500a BP,与西南季风加强(暴雨加强)的时期相对应;而现代泥石流的发育规模明显变小,反映了干热河谷地区现代气候的干旱化特征。金沙江上游大型古泥石流的发育特征和形成年代暗示了该区古泥石流的广泛发育是全新世早期青藏高原东南缘西南季风加强的结果。因此,从地质灾害防治的角度上来看,由于现代气候因素导致泥石流灾害的频度和规模较小,预防该区地质灾害的重点应是防止人工砍伐树木和不合理的人工切坡导致对地表环境的破坏加剧。

第四章　子流域单元划分

泥石流易发性评价单元可分为5类：栅格单元、地貌单元、均一条件单元、流域单元及地形单元(Guzzentti et al,1999)。泥石流灾害是地质构造、地形地貌、水文气象等因素综合作用的结果，以往对泥石流易发性评价的相关研究中，多采用栅格单元，栅格单元在 GIS 软件中易于划分且计算便捷，但这种评价单元和地质、地貌及其他环境因子缺乏联系，而且忽略了泥石流的流域特性，无法体现泥石流发育的实际情况。考虑到泥石流发育的影响因素及流域特性，本书采用流域单元作为评价单元，以提高易发性区划图的精度及可利用性。

流域是指被分水线所包围的河流集水区域，是应用于水资源开发、规划、利用和保护的基本单元。数字高程模型(Digital Elevation Model,简称 DEM)，主要描述区域地貌形态的空间分布，包括丰富的水文、地形及地貌信息(李振林等,2012)，是目前用于流域分析的主要数据。

ArcGIS 10.0 中的水文分析工具提供了强大的水文分析功能，改变了传统人工划分流域费时费工的缺点。20 世纪 80 年代，O'Callaghan 和 Mark 首次明确定义并阐述了数字流域特征提取中所涉及的洼地、水流方向、汇流累积量、虚拟水系以及流域等概念，并提出了基于水文学地表径流模拟的 DEM 流域分析模型(Mark,1983;O'Callachan et al,1984;Hancock,2005)，此模型在理论上有强大的水文学基础，被认为是目前最便捷的数字流域特征提取模型(刘家宏,2006;宋晓猛,2013;Ave,2008)。该模型的原理是根据水流方向数据计算 DEM 中每个栅格的汇流累计量，设定阈值，认为汇流量大于给定阈值的栅格是位于汇水线以上的点，将这些点连起来形成水系，根据河流节点信息提取流域单元。流域提取过程包括：洼地填充—计算汇流方向—分析汇流累积—提取河网—确定流域盆地—子流域划分(汤国安等,2006)(图 4-1)。

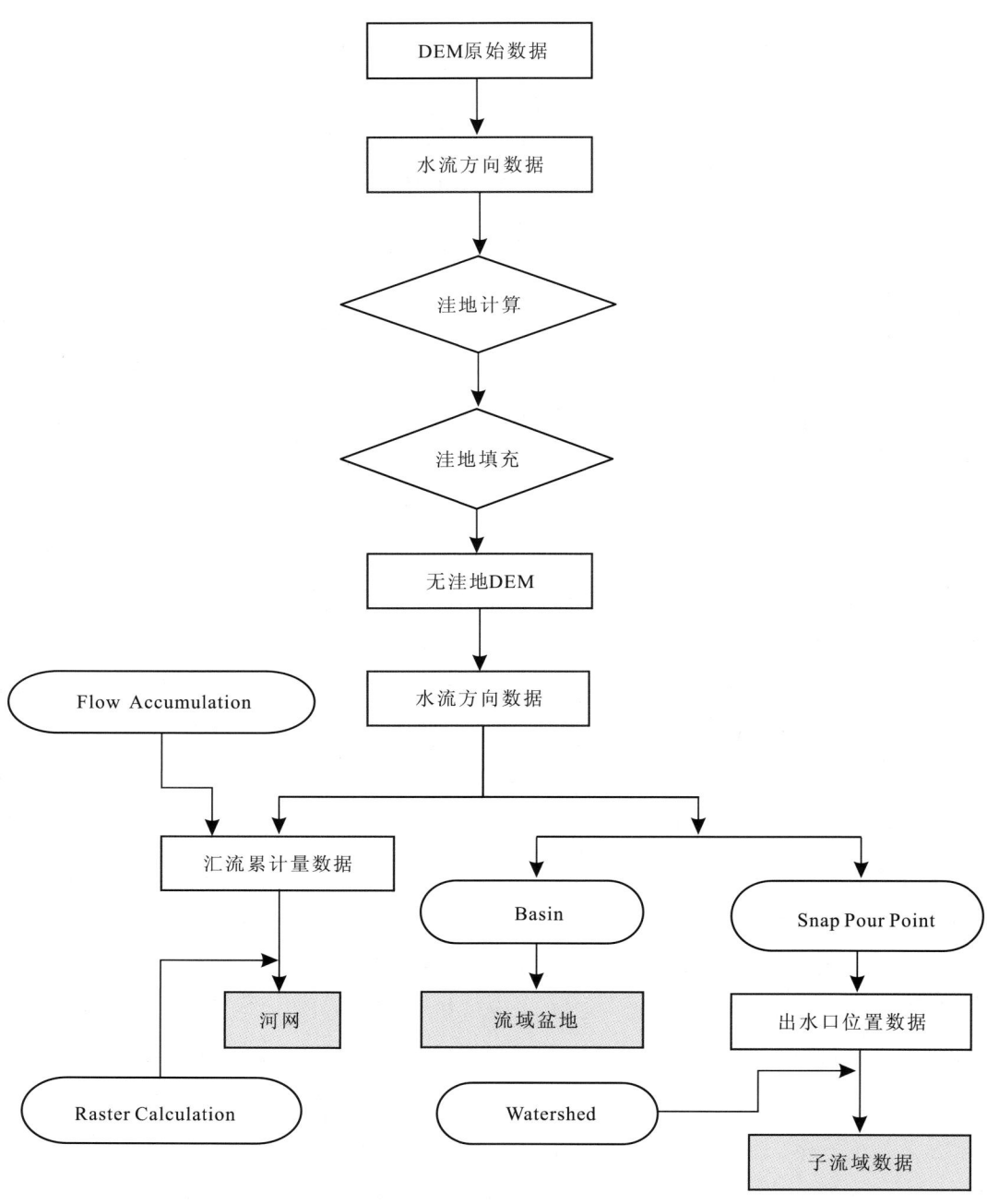

图 4-1 流域单元划分流程图

第一节 洼地填充

DEM 是一种光滑的地形表面模型，但是由于离散化过程中的差值和采样误差，以及一些真实地形的存在，如喀斯特地貌或湖泊，使得 DEM 表面出现了一些高程最小的局部地形单元，可能由一个或几个高程相同的栅格构成，即洼地，洼地四周栅格单元的高程较大。洼地的存在将会影响水流方向计算的准确性，导致流域划分出现误差，或者出错。因此，先对原始的 DEM 进行洼地填充，再计算水流方向，能够使提取的河网反映真实的地貌变化。目前在 GIS 平台上，可以完成洼地的自动填充，一般流程是：计算水流方向—提取洼地区域—计算洼地深度—设定阈值—洼地填充（汤国安等，2006）。

第二节 水流方向提取

水流方向是指水流从栅格流出时的方向，它对地表径流的方向及栅格单元间流量的分配起决定作用，是基于 DEM 的分布式水文模型中的一个极其重要的问题（李新荣等，2013）。水流方向的计算是流域单元划分中的关键步骤，影响流域单元边界提取的精度。目前，水流方向的计算主要有单流向法和多流向法两种方法，单流向法根据栅格单元间的高程判断水流方向，并假设每个栅格单元中只有一个水流出口，因其确定流向简单、使用方便快捷而得到广泛应用。目前常用的单流向法主要有 D8 方法、Rho8 方法、Lea 方法、DEMON 方法等，目前应用最多的是 D8 方法。多流向法被提出较晚，目前应用较少，但其凭借较好的拟合地貌复杂区的水流方向的优势，越来越受到人们的重视。

20 世纪 80 年代，O'Callaghan 和 Mark 提出了计算水流方向的 D8 方法，这种方法假设单元格的水流只有 8 种可能的流向，即流入与它相邻的 8 个栅格单元中，在 3×3 的 DEM 栅格中，计算中心单元格与 8 个相邻栅格间的距离权落差，8 个栅格中距离权落差值最大的栅格方向即为中心单元格水流的流出方向，此方法称为最陡坡度法。距离权落差等于中心单元格与邻域栅格的高程差除以两栅格间的距离，栅格间的距离与方向有关，如果邻域栅格对中心单元格的方向值为 2,8,32,128，则栅格间的距离为 $2^{1/2}$，否则距离就为 1。D8 方法对自然状态下的水流方向进行了极大的简化，认为栅格单元的产流是点源，将栅格单元水流的无穷多种流向简化为 8 个流向，导致了水流偏向某个单元格，并用一维线描述河道。D8 方法简单实用，是目前应用范围最广泛的水流方向计算方法。

在 ArcGIS 10.0 中,通过对中心单元格的 8 个邻域栅格进行编码(图 4-2),根据编码值可以对中心单元格的水流方向进行赋值,如果中心单元格的水流方向是右边,那么它的水流方向在计算过程中将会被赋值为 1。栅格水流方向具有很大的不确定性,故以 2 的幂值作为水流方向的值,将数个方向值相加,最后从和的结果来判定相加时中心单元格的邻域栅格情况。

第三节 提取河网

提取地表水流路径是流域单元划分的主要内容之一,河网是基于汇流累积量数据生成的,本书采用目前广泛应用的地表径流漫流模型提取河网。利用水流方向数据,根据自然水流由高向低流的规律,统计出水流流入每个栅格单元的栅格总数,即汇流累积量。通过汇流累积量可以确定地表水流路径,流入栅格单元的栅格数的总数,反映了栅格单元的汇水能力,汇流累积量越大,越容易形成地表径流,可视为河谷,反之则可能是流域的分水岭。汇流累积量的计算原理如图 4-2 所示。当汇流累积量上升至某一值时,就会产生地表水流,设定一个阈值,汇流累积量大于该阈值的所有栅格都是潜在的地表水流路径,这些水流路径构成的网络,就是河网,可根据需要,设置不同的阈值,提取不同级别的河网。

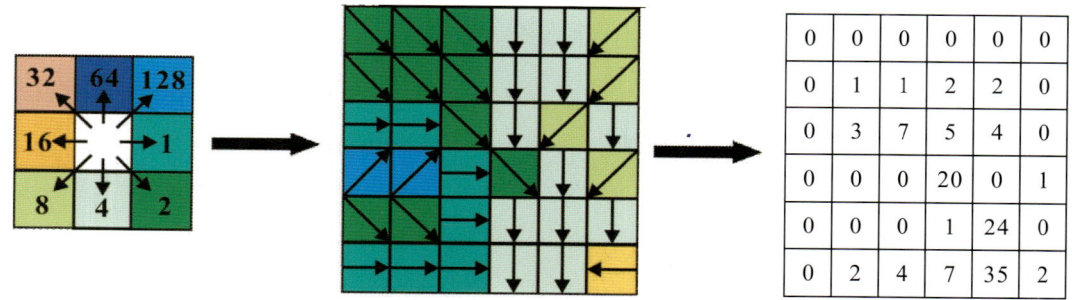

图 4-2 水流方向编码及汇流累积量计算原理

在 ArcGIS 10.0 平台上,以无洼地的 DEM 数据为基础数据,可以实现河网的自动提取:

(1)通过 Flow Direction 工具计算出水流方向数据。

(2)通过 Fill Accumulation 工具,导入水流方向数据,计算得到汇流累积量数据。

(3)通过 ArcGIS 10.0 中空间分析模块下的 Raster Calculator 工具计算汇流累积量,汇流累积量大于所设定阈值的栅格,被认为是地表水流汇流区,将这些栅格赋值为 1,而汇流累积量小于或等于所设定阈值的栅格,被认为是产流区,将这些栅格赋值为 0,就得到栅格河网。

利用从 Geospatial Data Cloud 获取的 30m×30m 的 DEM 数据,进行河网提取,分别提取集水栅格阈值为 1000、5000、8000、10 000、12 000、15 000 时的河网,与研究区 1∶10 万地形图及 Google Earth 上的河网对比发现,当集水阈值为 10 000 时,提取的河网和实际河网吻合较好,故设定集水栅格阈值为 10 000,划分流域单元。

第四节 子流域提取

流域又称集水区域,也称流域盆地、集水面积、汇流区域等,是指来自四面八方的水流汇集到某个低洼的区域,从一个公共的出水口排出,从而形成一个集中的排水区域。流域单元划分就是要提取所有相互连接并处于同一流域盆地的栅格区域。首先,要确定每个流域的出水口位置,即整个流域的最低处;其次,提取所有流入出水口的栅格区域,即为流域盆地集水区。利用 ArcGIS 10.0 中的水文分析工具,按以下步骤提取子流域:

(1)通过 Snap Pour Point 工具,提取小级别流域的出水口位置。

(2)利用 Watershed 工具,输入水流方向数据和出水口位置数据,可完成流域单元的划分。

本书设定 10 000 的集水阈值,进行流域单元划分。将自动划分结果与 1∶10 万的地形图及 Google Earth 影像进行对比,检查流域边界、河网、山脊和山谷线是否与实际相符,对不相符的地方进行手动修改,最终将研究区划分为 217 个流域单元(图 4-3),流域单元的平均流域面积为 14.47km^2,最大流域单元面积为 50.43km^2,最小流域单元面积为 0.71km^2。

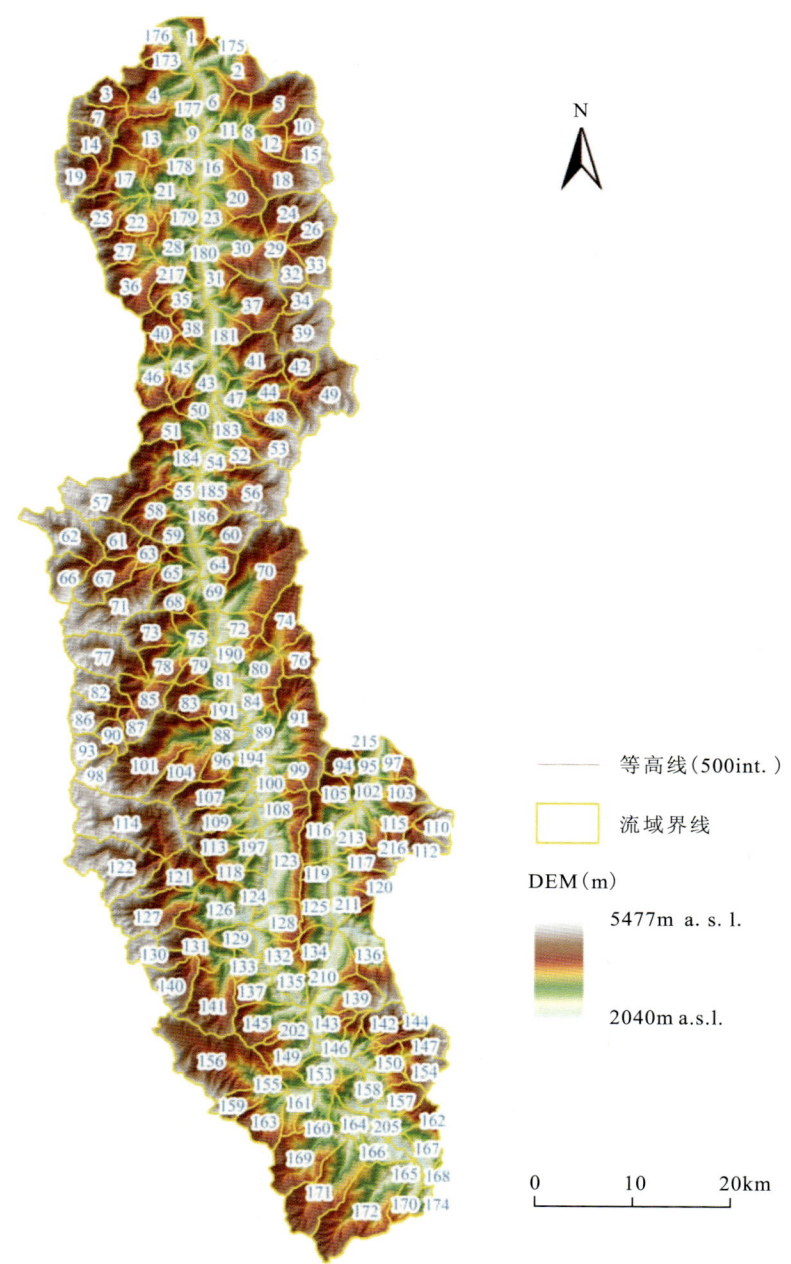

图 4-3 流域单元划分结果图

第五章　泥石流易发性评价因子

第一节　泥石流形成条件

泥石流的爆发要有丰富的物源、陡峻的地势、充足的降雨。本书从泥石流形成的3个基本条件来分析研究区泥石流的空间分布特征。

一、物源条件

物源条件是泥石流灾害发生的首要条件,受岸坡变形破坏、新构造运动、风化和重力等地质作用及人类活动的影响,研究区岩石破碎,地势陡峻,年、日温差较大,金沙江及其支流两岸植被覆盖稀少,加速地表岩体风化破碎,地表松散固体物质丰富,只要出现短时间强降雨,就会诱发泥石流灾害(图5-1)。

图5-1　研究区松散物源照片

野外调查发现,金沙江沿岸岸坡变形破坏强烈,为泥石流发育提供了丰富的松散固体物源。据统计,研究区岸坡变形破坏主要有 3 种类型:滑坡堆积体、崩塌堆积体和倾倒变形体,岸坡变形破坏体数目共 84 处,总体积达 $1.13×10^8 m^3$(表 5-1)。其中,滑坡堆积体 11 处,其累计体积为 $5801×10^4 m^3$,分为顺层滑坡、堆积层滑坡、反倾内层状岩体滑坡、复合型滑坡 4 种类型,由于遭受风化作用及河流侵蚀作用,堆积体物质破碎松散(图 5-2);崩塌堆积体主要集中分布于干流的峡谷段,即研究区内干流的下游河段和中游河段,数量较多,体积较大,共 55 处,其累计总体积为 $4785×10^4 m^3$(图 5-3);规模较大的倾倒变形体有 18 处,其累积体积为 $715×10^4 m^3$,均位于徐龙坝址下游(图 5-4)。

表 5-1 岸坡变形破坏堆积体

类型	数量(处)	体积($×10^4 m^3$)
滑坡堆积体	11	5801
崩塌堆积体倾	55	4785
倾倒变形体	18	715
合计	84	11 301

图 5-2 滑坡堆积体照片

二、地形地貌条件

泥石流总是发生在陡峻的山谷流域中,冲出沟谷在平缓地带堆积,形成一个流域。陡峻的地形为松散固体物质提供了启动势能,增大了流体携带固体物质的能力,加强了重力侵蚀作用。泥石流的形成区是物源形成及堆积的场所,地形地貌特征影响物源的堆积厚

图 5-3　崩塌堆积体照片

图 5-4　倾倒变形体照片

度和形态,对泥石流的发育有重要的影响。

研究区沟壑纵横,江河侵蚀、切割剧烈,形成山高、坡陡、谷深的主要地形地貌形态,以构造剥蚀高中山为主,地形起伏较大,山间盆地和堆积地形不发育,沿河地段一般为河流阶地。从划分的子流域横剖面形态来看(图5-5),泥石流形成区沟谷宽而深,有利于风化剥蚀、重力作用、冰川作用等形成的松散固体物质的堆积。研究区总体地形起伏较大,山势陡峻,相对高差高达2000m,海拔小于2500m的区域仅占研究区总面积的8%左右(图5-6),总体上以金沙江为中心,两岸高山海拔较高,坡度在30°以上,仅在奔子栏一带河段相对开阔,没有优势坡向。金沙江沿岸发育多条沟谷,单条沟谷相对高差较大,海拔较高的物源形成区沟谷较宽,形态开阔,有利于水流汇集及物源堆积。

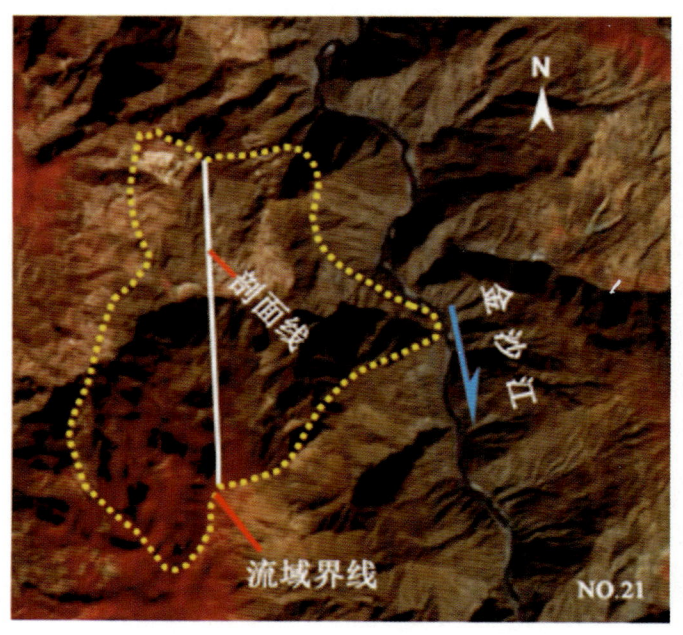

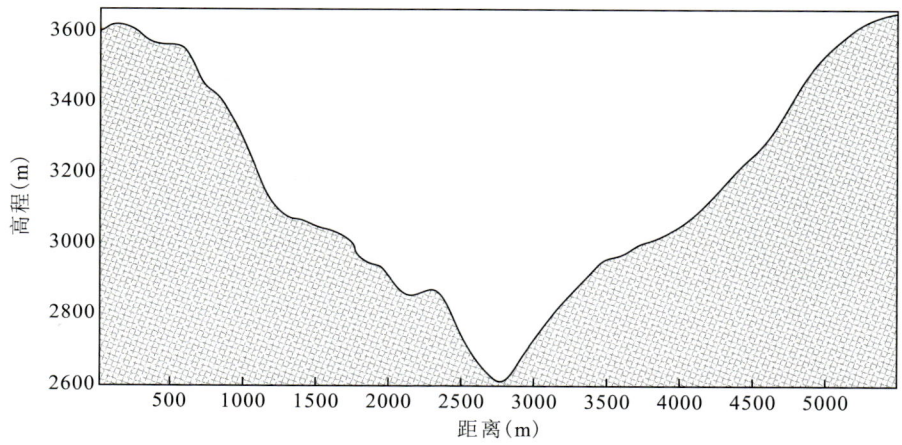

图 5-5　21号流域形态及形成区横剖面形态图

三、水文气象条件

一个地区地表地质作用对地形地貌的改造需要一定的时间,在一定的时间域内,一条泥石流沟的物源条件和沟床特征变化不大,可以认为是相对稳定的。但是降雨条件在时空范围内变化很大,特别是短历时的强降雨导致松散物源的含水量剧增,空隙水压力和静水压力随之增大,最终使固体物质趋于饱和,原有结构遭到破坏,摩擦力变小,松散固体物质在坡面和沟谷中逐渐失稳,加之降雨产生的地表径流对沟床的侵蚀及重力侵蚀作用,对饱和的松散物质产生的强烈推动力,使得沟床和斜坡上固体松散碎屑物质冲出山谷,爆发

第五章 泥石流易发性评价因子

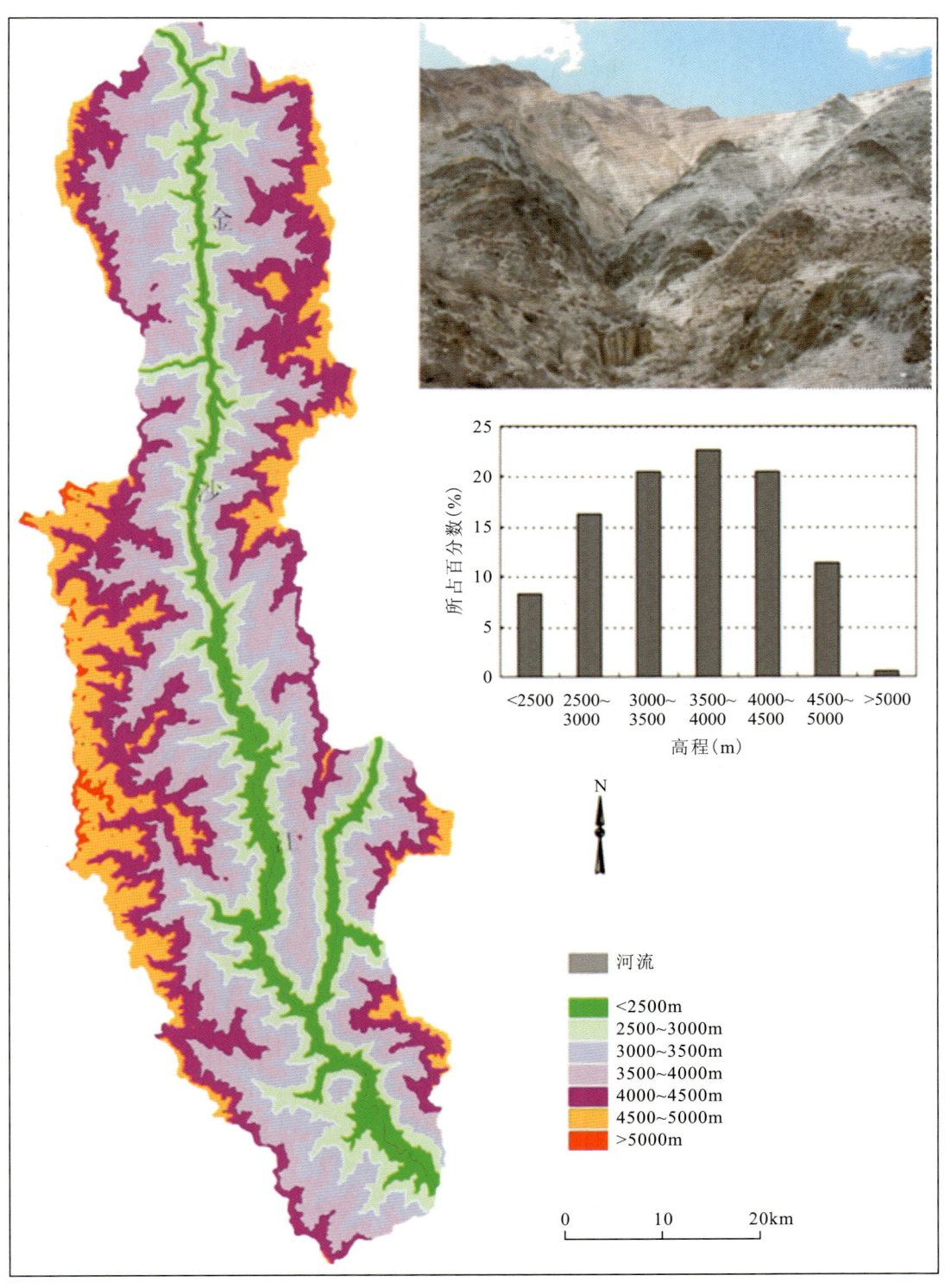

图 5-6 研究区地形地貌图

泥石流。

研究区属于典型的横断山区干热河谷,由于金沙江两岸高山对西南季风和东南暖湿气流的阻挡作用,水汽很难进入谷地,形成多个"雨影区",为横断山区降雨量最稀少的地区,同时降雨季节分布极不均匀,存在明显的雨季和旱季。雨季从6—9月,雨量非常集中,一般占80%以上(图5-7)。该区自然条件较为特殊,年、日以及垂直高度不同气温变化都极大,年内最高气温在金沙江河谷地区每年6月可达30℃以上,最低气温在高山地区1—2月可达-30℃,海拔5000m以上的区域终年有积雪覆盖,现代山岳冰川发育,年蒸发量极大,年均蒸发量可达1200mm。研究区降雨强度小,如巴塘日最大降雨量仅为41.6mm,降雨强度小,不易形成地面径流,也不易发生山洪。虽然降雨稀少,但是泥石流灾害频繁,说明干热河谷区泥石流灾害有独特的发育特点。

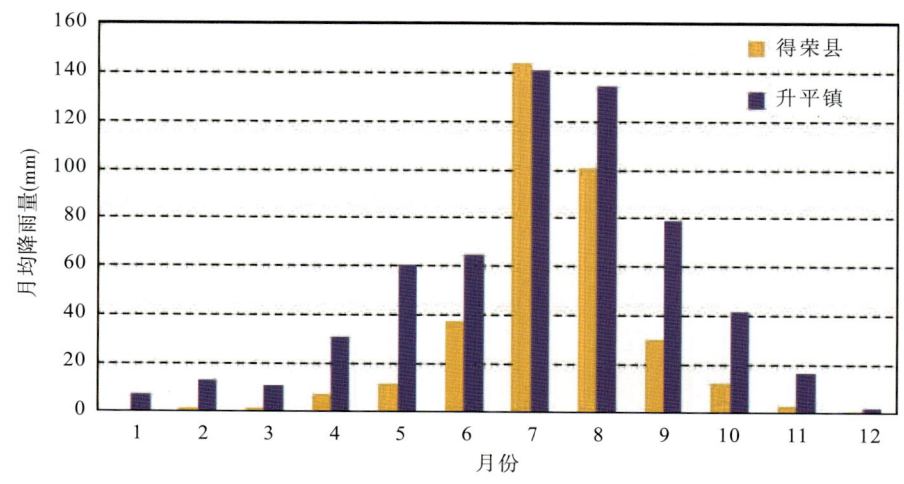

图5-7 研究区月均降雨量柱状图

第二节 泥石流易发性评价指标体系

泥石流灾害的发育受地形地貌、地质构造、水文气象、植被等诸多因素的影响,可概括为三大因素:丰富的物源、陡峻的地形、启动因子(降雨、地震等),但是这3个因素不能直接提取及定量化,因此只能选择具有代表性的定量因子来进行泥石流的易发性评价。第四章对奔子栏—昌波河段泥石流形成的物源条件、地形地貌条件、降雨和气候特征等因素进行了分析,结合泥石流易发性评价研究的最新研究成果,初步选取该地区地形地貌、地质构造、水文气象、植被覆盖等方面的8个代表性因子作为干热河谷区泥石流易发性评价的初选因子(表5-2)。

表 5-2 泥石流易发性评价的影响因子初选

一级影响因子	二级影响因子	影响因子作用
地质构造	地层岩性	泥石流的物源条件
	断裂构造	使地表破碎,加速岩体风化
地形地貌	坡度	提供松散物质搬运的势能
	坡向	影响岩体分化及土壤侵蚀的强烈程度
	流域相对高差	反映地表的相对起伏程度
	流域系统地貌信息熵值	判别流域地貌侵蚀发育程度和地貌演化阶段
水文条件	6—9月份月均降雨量	泥石流的诱发因素、启动条件
地表植被覆盖	植被归一化指数	影响土壤侵蚀及水土流失

本书基于流域单元进行泥石流易发性评价,进行易发性评价之前必须获得各影响因子的流域单元图层。对初选的 8 项影响因子进行敏感性分析,再根据敏感性分析结果,对各影响因子进行重分类赋值,最后借助 ArcGIS 10.0 中的区统计工具,对各影响因子的重分类赋值图层进行区统计,即可得到各影响因子的流域单元图层。

一、地层岩性

研究区发育的地层主要有古生代、中生代、新生代的地层,其中上古生界地层发育齐全,中生界仅发育有三叠系地层,新生界发育有古近系、第四系各类堆积层。纵贯南北的金沙江断裂将研究区分为东、西两个不同的地层区。两区地层在岩性、出露厚度、发育程度、沉积特征等方面差别较大(姚鑫等,2007),研究区出露的岩性主要为板岩、片岩、砂岩、灰岩及少量火山岩。

研究区地质构造发育,植被覆盖稀少,年、日温差较大,岩体风化强烈,沟谷中堆积有较厚的松散堆积物质。按岩体的风化程度将地层岩性分为 5 类:①冲洪积物、残坡积物等松散碎屑堆积物,主要是第三系、第四系的冲洪积物。②强风化的片岩及板岩岩组,主要分布在金沙江干流沿岸,三叠系中下统中心绒组($T_{1-2}zh$)、二叠系下统冉浪组(P_1r)、石炭系(C)中,该岩组岩性主要为板岩、片岩等变质岩,岩体破碎,风化强烈。③中等风化的砂岩及灰岩岩组,主要出露在三叠系上统夺盖拉组(T_3d)、阿堵拉组(T_3a)、波里拉组(T_3b)、甲丕拉组(T_3j)中,该岩组岩性以砂岩、灰岩为主,岩体较破碎,中等风化。④弱风化的火山岩及板岩岩组,主要出露在三叠系中统曲嘎寺组(T_2q)、二叠系上统冈达概组(P_2g)、二叠系下统冰峰组（P_1b），该岩组岩体结构不完整，风化较弱。⑤侵入岩及岩脉，岩性主要为花岗岩、闪长岩、辉绿岩等侵入岩，岩质坚硬，风化弱（图5-8）。利用ArcGIS 10.0中的区统计工具，对地层岩性因子分级赋值图层进行流域单元统计，以流域单元内出现最多的值作为该流域单元的值，得到地层岩性因子流域单元图层[图5-9(a)]。

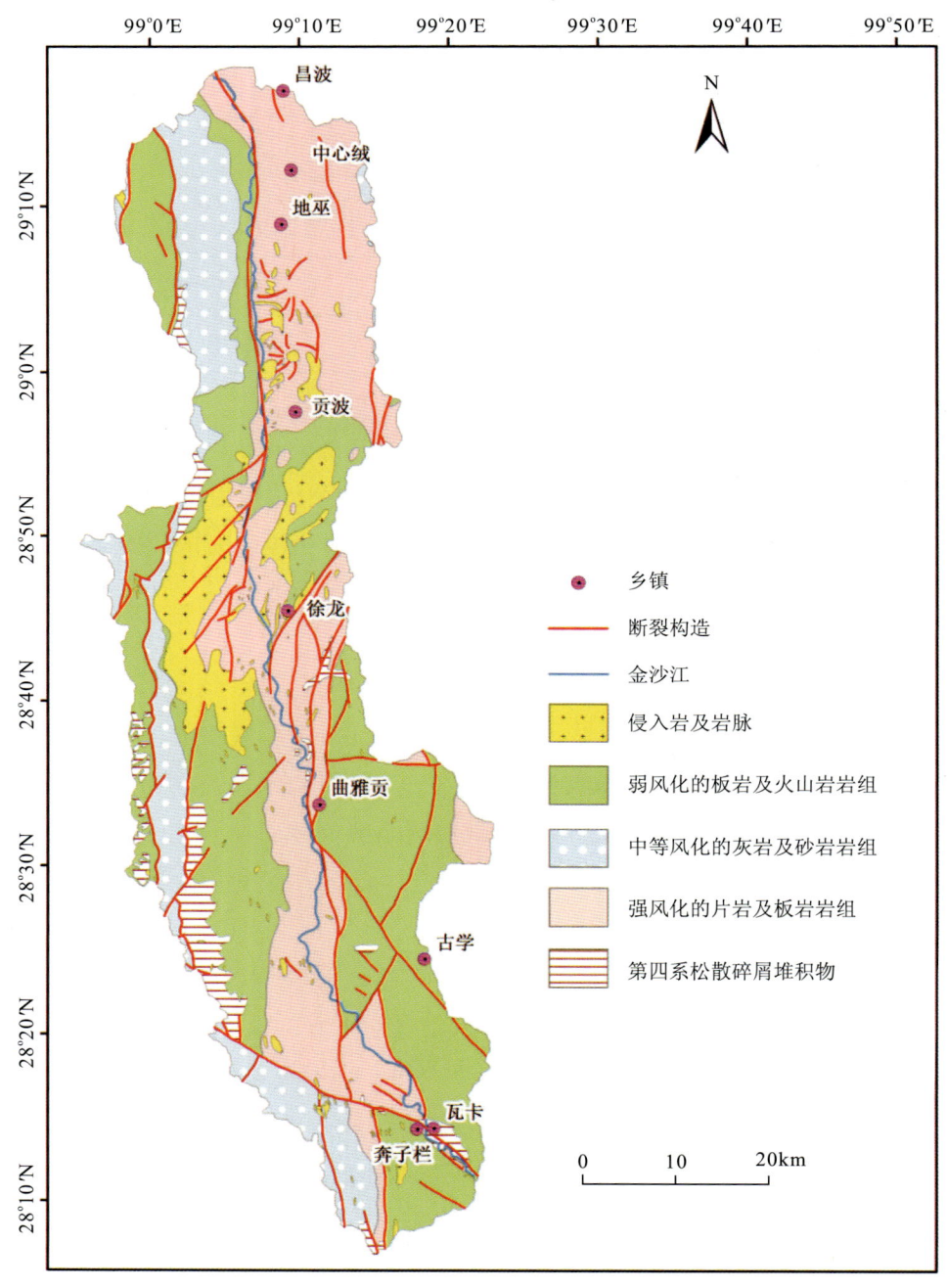

图5-8 金沙江上游奔子栏—昌波河段地质图

第五章 泥石流易发性评价因子

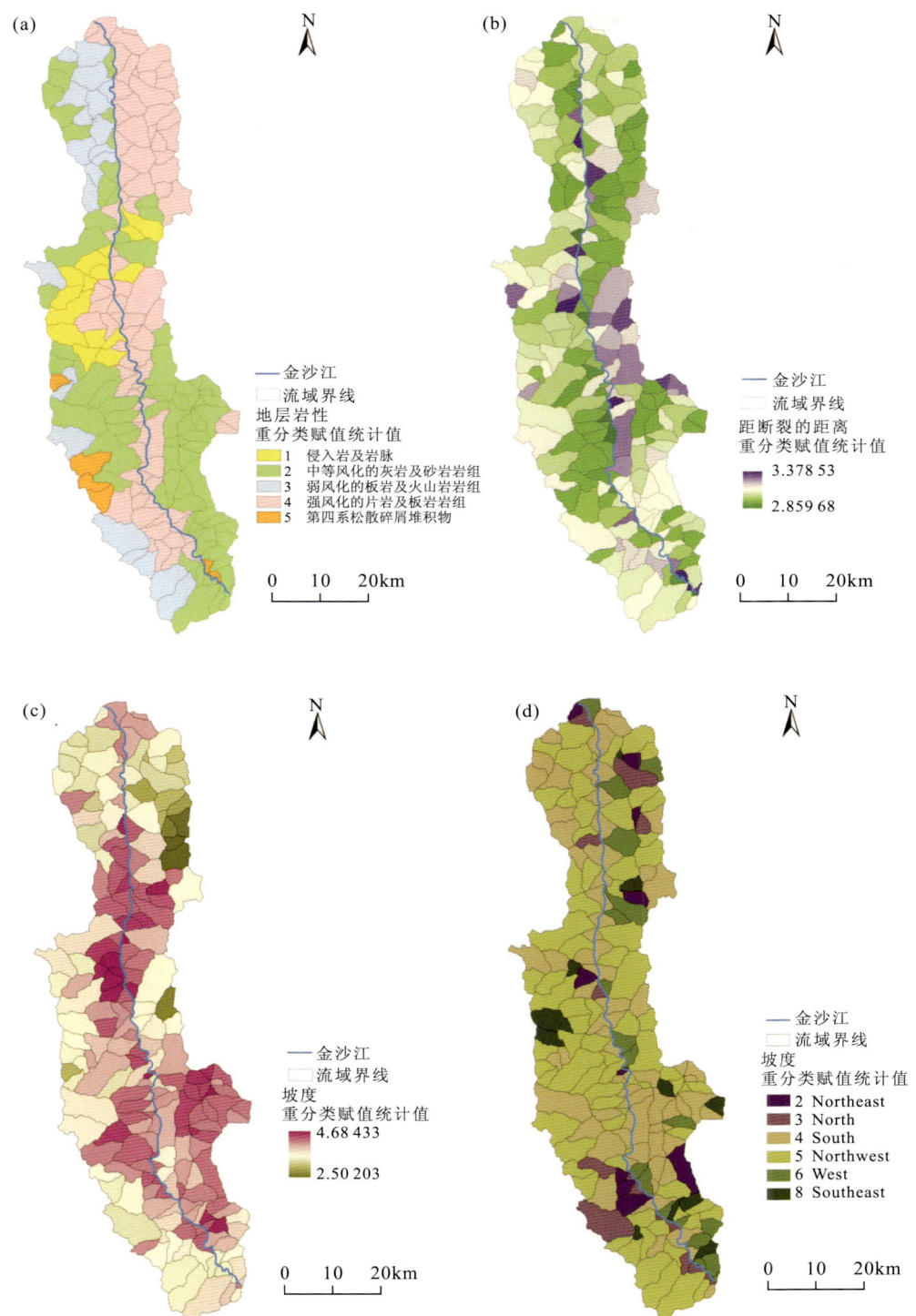

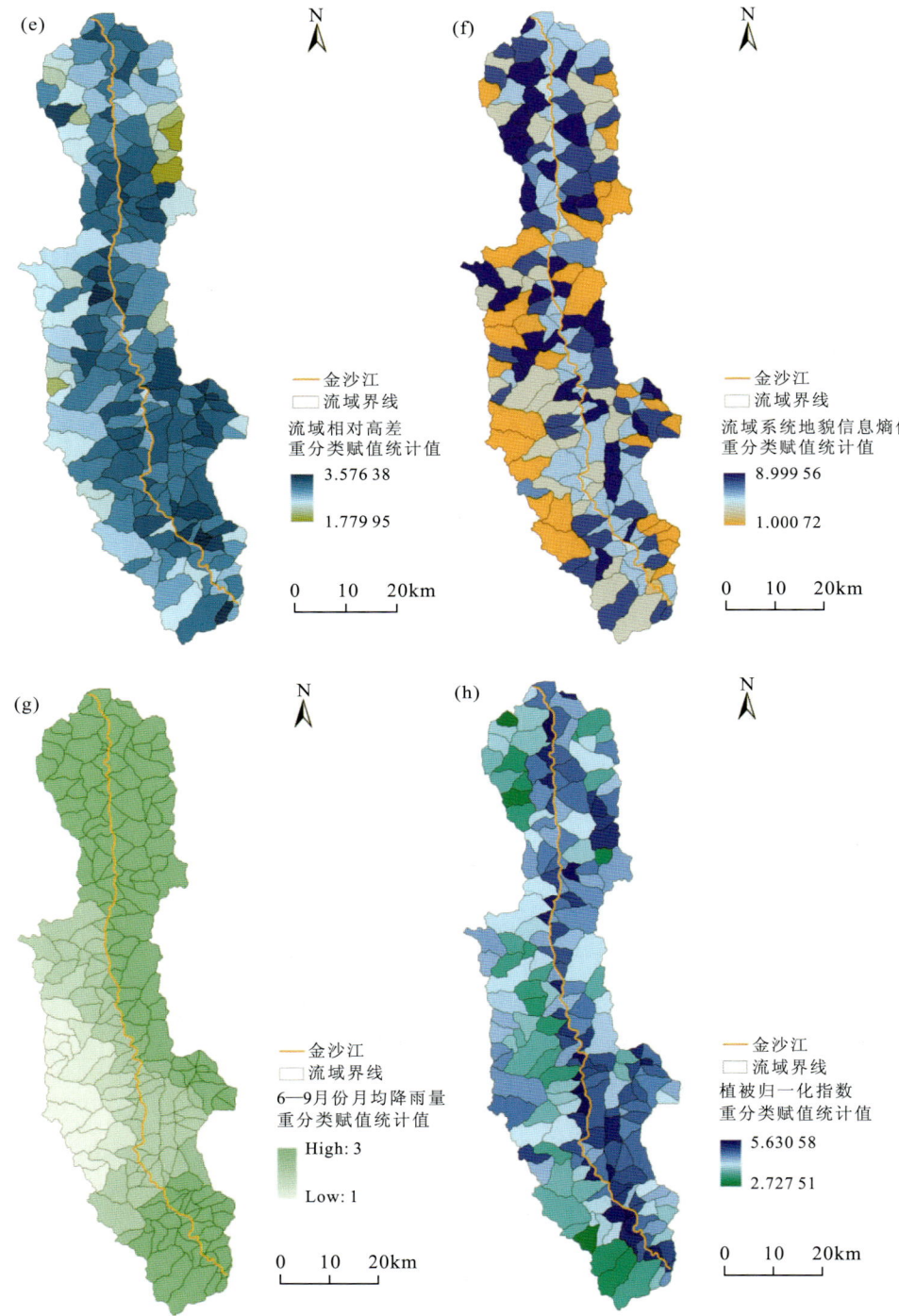

图 5-9 基于流域单元的地层岩性因子(a)、断裂构造因子(b)、坡度因子(c)、坡向因子(d)、相对高差因子(e)、流域地貌信息熵值因子(f)、6—9月份月均降雨量因子(g)、植被归一化指数因子(h)图

二、断裂构造

断裂构造使地表破裂，产生丰富的松散固体物质。研究区构造活动强烈，发育有多组断裂构造（见图 2-1）。对研究区的断裂构造进行缓冲区分级，分为<100m、100～200m、200～300m、300～400m、400～500m、>500m 等 6 个级别，根据敏感性分析结果进行重分类赋值，并统计流域单元中的平均值作为该流域单元的值，得到基于流域单元的断裂构造因子图层[图 5-9(b)]。

三、坡度

坡度反映地表的陡峻程度，影响泥石流固体物质搬运速度，补给方式、方量和泥石流规模。研究区地形陡峻，河谷大多狭窄，两岸地形坡度在 30°以上，仅在奔子栏一带河段相对开阔。从 30m×30m 的 DEM 上提取得到坡度图层，坡度范围为 0°～65°，将坡度分为：<10°、10°～20°、20°～30°、30°～40°、40°～50°、50°～60°、>60°等 7 个级别。根据敏感性分析结果进行重分类赋值，并统计流域单元中的平均值作为该流域单元的值，得到基于流域单元的坡度因子图层[图 5-9(c)]。

四、坡向

不同坡向由于太阳辐射强度的不同，影响坡面的蒸发量、植被覆盖、侵蚀程度、汇流量等，从而影响泥石流固体物质的方量及运移方向。在 ArcGIS 10.0 平台上，利用空间分析模块，从 DEM 上提取得到坡向图层，将坡向分为 Flat、North、Northeast、East、Southeast、South、Southwest、West、Northwest 9 个类别。根据敏感性分析结果，以流域单元内出现最多的值作为该流域单元的值，得到坡向因子的流域单元图层[图 5-9(d)]。

五、流域相对高差

相对高差是指地面的起伏度，影响地表集水区的面积及植被类型和植被覆盖度，从而间接地影响泥石流的发育。相对高差反映地形的起伏程度，研究区范围内相对高差高达 1200m。将相对高差分为 7 个类别：<350m、350～450m、450～550m、550～600m、600～700m、700～800m、>800m。根据敏感性分析结果，统计流域单元内的平均值作为该流域单元的值，得到流域相对高差因子的流域单元图层[图 5-9(e)]。

六、流域系统地貌信息熵值

地貌信息熵是判别流域系统地貌演化的重要量化指标之一，根据传统地貌学原理——戴维斯地貌循环理论计算熵值,对地貌演化阶段从流域系统的角度给予定量评价(李雅晖等,2011)。流域系统地貌信息熵值为流域地貌侵蚀发育程度和地貌演化阶段的判断提供科学的定量化依据,其值越小,反映区域构造活动越强,侵蚀活动越强烈,流域处于幼年期;其值越大,反映区域构造活动稳定,侵蚀能力较低,水系发展稳定,流域处于老年期(王钧等,2013)。根据艾南山提出的侵蚀流域系统的地貌信息熵理论及其计算方法(艾南山,1987;艾南山等,1988),侵蚀系统地貌信息熵数学表达式为:

$$H = S - \ln S = \int_0^1 f(x)\mathrm{d}x - \ln\left[\int_0^1 f(x)\mathrm{d}x\right] \tag{5-1}$$

式中:H——地貌信息熵值;

S——$Strahler$ 面积-高程积分值;

$f(x)$——拟合函数;假定流域内第 i 条等高线以上的面积为 a_i,流域总面积为 A,此等高线与流域最低点的高差为 h_i,流域单元中最大相对高差为 h,以 $x_i = a_i/A$ 为横坐标,$y_i = h_i/h$ 为纵坐标,对直角坐标中的一系列 x_i、y_i 进行线性拟合,得到拟合函数 $f(x)$。

泥石流的发育受地形地貌条件的影响,根据子流域地貌的侵蚀发育程度可初步判断流域泥石流的敏感性(李雅晖等,2011;王钧等,2013)。艾南山认为:$H < 0.111$ 表示流域处于幼年期;H 值在 $0.111 \sim 0.400$ 之间表示流域处于壮年期;$H > 0.400$ 表示流域处于老年期(艾南山,1987)。

在 ArcGIS 10.0 中将研究区 DEM 按高程分级并用子流域作掩膜(Mask)对其进行裁剪,在属性表中计算每一级的面积,再将属性表中数据导入 Excel 中进行统计得到拟合函数 $f(x)$($Strahler$ 面积-高程曲线),最后在 Matlab7.0.1 中按式(5-1)对 $Strahler$ 面积-高程曲线积分,计算子流域的地貌信息熵值(见附表)。

计算的地貌信息熵值范围为 0.0009~6.339。经统计研究区 217 个子流域中 39.6% 处于幼年期;59.5% 处于壮年期;处于老年期的子流域仅占子流域总数的 0.9%(图5-10)。研究区 99.1% 的区域侵蚀下切严重,构造活动强烈,仅划分 3 个级别进行敏感性分析不能充分反映出微地貌单元的差异性,结合研究区的实际情况,将其分为 9 个级别:<0.01、0.01~0.05、0.05~0.111、0.111~0.15、0.15~0.2、0.2~0.25、0.25~0.30、0.30~0.35、>0.35。根据敏感性分析结果,统计流域单元内的平均值作为该流域单元的值,得到流域系统地貌信息熵值因子的流域单元图层[图5-9(f)]。

七、6—9月份月均降雨量

降雨是泥石流灾害的重要诱发因素,研究区降雨量稀少,降雨季节分布极不均匀,雨季为 6—9 月,高山峡谷地形对本区降雨起着再分配的作用,使该区出现局部多雨和少雨中心。本书收集巴塘、得荣、德钦、羊拉村、奔子栏等地 5 个雨量监测站 2009—2013 年月平均降雨量,在 ArcGIS 10.0 中插值得到研究区月均降雨量栅格图,并分为 3 个级别对因子进行敏感性分析赋值,并统计流域单元中的平均值作为该流域单元的值,得到 6—9 月份月均降雨量因子的流域单元图层[图 5-9(g)]。

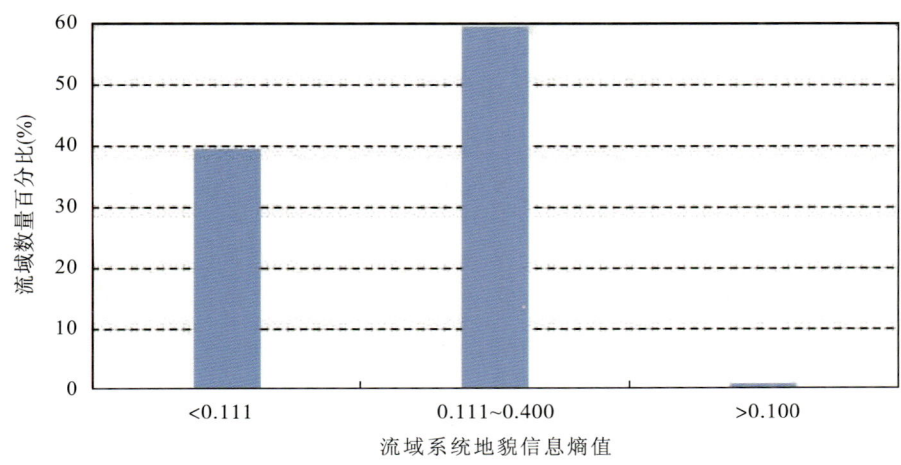

图 5-10　研究区流域系统地貌信息熵值统计图

八、植被归一化指数

研究区植被覆盖稀少,植被主要分布在海拔较高的高山地带,植被类型有:森林,如松林、硬叶常绿阔叶林;灌丛,如草丛、仙人掌灌丛、小叶落叶阔叶灌丛等(Zhang,1998)。从 Landsat 8 遥感影像上提取植被归一化指数(NDVI)图层,数值范围为 0~1,数值越接近 1,表示地表植被覆盖率越高。按数值大小将该图层分为 5 个级别:0~0.1、0.1~0.3、0.3~0.5、0.5~0.6、>0.6,得到植被归一化指数栅格分级图层。根据敏感性分析结果,统计流域单元内的平均值作为该流域单元的值,得到植被归一化指数因子的流域单元图层[图 5-9(h)]。

第六章 泥石流易发性评价模型及应用

奔子栏—昌波河段属于典型的干热河谷气候,为横断山区降雨量最稀少的地区。金沙江河谷中雨量偏少,气候干热,而两岸高山的高海拔地区高山植被发育,山峰上终年积雪,有冰川覆盖。采用指标熵模型进行泥石流易发性评价,探究金沙江上游干热河谷区的泥石流发育特点及空间分布特征。

第一节 泥石流灾害概况

研究区总面积约 $3125km^2$,泥石流沟多发育于"V"形河谷内(图 6-1),河水侧蚀作用较强,且沟谷边坡岩体结构面发育,岩石破碎,两岸见坍塌体。经遥感解译及野外调查验

图 6-1 研究区泥石流沟照片

(a)奔子栏泥石流沟;(b)达日河段泥石流沟;(c)、(d)瓦卡泥石流沟

证研究区共发育73条泥石流沟(图6-2),主要分布在金沙江沿线,规模以中、小型为主。涉及流域面积288.1km²,占研究区总面积的9.2%,最大流域面积为29.1km²,最小流域面积为0.3km²,平均流域面积为3.9km²。泥石流沟分布图是统计泥石流发育及其影响因子间关系的基础资料,研究区的泥石流沟分布图见图6-2,泥石流物源区分布图见图6-3。

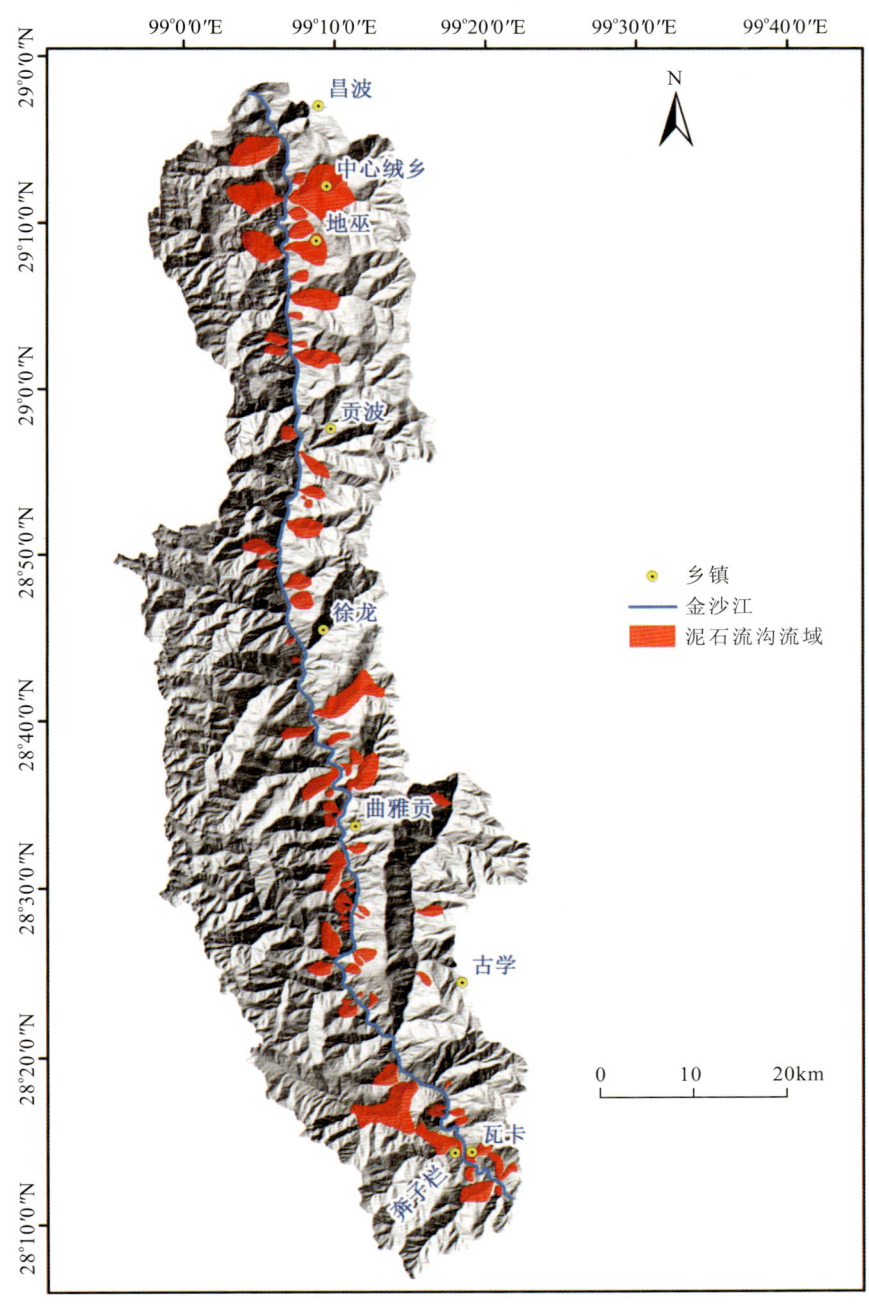

图6-2 研究区泥石流沟分布图

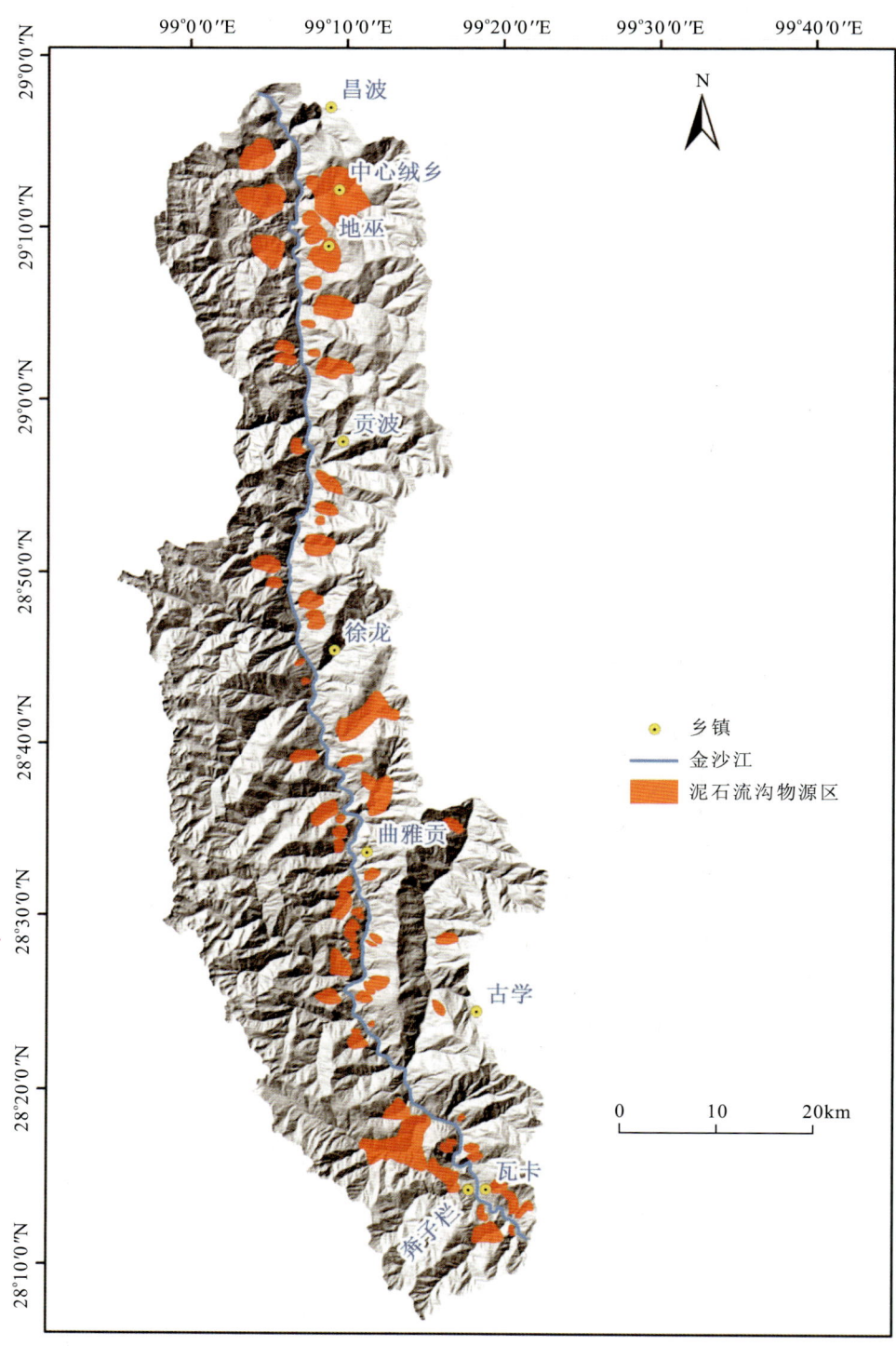

图6-3 研究区泥石流物源区分布图

第二节 泥石流易发性评价

本书以流域单元作为评价单元对金沙江上游奔子栏—昌波河段未来可能遭受的泥石流灾害进行易发性评价。应用指标熵模型将泥石流沟分布图层与各影响因子图层叠加计算，可以得到各影响因子及各因子各级别的泥石流敏感性，为影响因子的分级赋值提供客观依据。泥石流形成区也称为物源区，丰富的物源是泥石流形成的先决条件，形成区多为三面环山，一面出口的宽阔凹地，坡体一般被冲沟切割，无植被覆盖，这样的地形有利于周围山坡水流及风化松散物质的汇集；流通区是泥石流搬运通过的地段，多为狭窄而深切的峡谷，流通区的地貌形态影响泥石流的流动特征，如速度、动能、方向等；堆积区是流体物质的堆积场所，地形较平缓开阔，堆积区的地形地貌特点影响泥石流的堆积形态，如洪积扇形态、堆积范围、厚度等。物源条件作为泥石流灾害形成的基本条件，是泥石流灾害形成的先决条件，而地势条件只是泥石流灾害形成的辅助条件，短历时的强降雨是泥石流形成的诱发条件。物源区是泥石流松散物质的形成及汇集场所，物源区的地形地貌、地质构造特征对泥石流的易发性程度有决定作用，试想一下如果没有丰富的物源，陡峻的地形加上强降雨也不会导致泥石流爆发。据于此，利用泥石流数据（包括形成区、流通区、堆积区）及泥石流物源区数据分别进行泥石流易发性评价，并对评价结果进行检验，探讨泥石流分布数据对泥石流易发性评价结果精度的影响。

一、指标熵模型

指标熵模型是由 Vlcko 等于1980年提出的一种二元统计模型，这种模型通过计算泥石流在各影响因子的各级别中的面积百分比，分析各影响因子及各级别的敏感性，计算影响因子权重，是一种较为客观的方法，经指标熵模型计算得到的权重参数近似服从正态概率分布，国外学者将其应用到滑坡灾害的易发性评价分析中，并与 AHP 层次分析法、逻辑回归模型、条件概率模型等进行对比，发现指标熵模型的评价精度更高。熵值指示自然条件下影响物源运动发展的主控因子，为泥石流影响因子的敏感性分析及各分级赋值提供客观依据。影响因子权重 W_i 的计算流程如下：

$$P_{ij} = \frac{A_{sd}}{A_t} \tag{6-1}$$

$$(P_{ij}) = \frac{P_{ij}}{\sum_{j=1}^{s} P_{ij}} \tag{6-2}$$

式中：A_t——各因子各级别的面积；

A_{sd}——各因子各级别中泥石流灾害的面积；

P_{ij}——各因子各级别中泥石流的面积百分比(概率密度)；

(P_{ij})——平均概率密度。

$$H_j = -\sum_{i=1}^{S_j}(P_{ij})\log_2(P_{ij}), \quad j=1,\cdots,n \tag{6-3}$$

$$H_{j\max} = \log_2 S_j \tag{6-4}$$

式中：H_j、$H_{j\max}$——熵值；

S_j——因子所分级数。

$$I_j = \frac{H_{j\max} - H_j}{H_{j\max}} \tag{6-5}$$

$$W_j = I_j \times P_{ij} \tag{6-6}$$

式中：I_j——信息系数(information coefficient)；

W_i——因子的总权重值。

最后计算得到的权重值范围为0～1，权重值越接近1，说明影响因子对泥石流灾害发育的贡献越大。

二、影响因子敏感性分析

基于GIS平台，将每个影响因子图层分别与泥石流沟、泥石流物源区的分布数据图层叠加，应用指标熵模型计算各影响因子各级别中泥石流的平均概率密度(P_{ij})及各影响因子的权重W_i，筛选出主控因子(表6-1、表6-2、表6-3、表6-4)。

表6-1 采用泥石流沟数据的影响因子分级及敏感性计算统计表

影响因子	级别	A_t(km²)	A_{sd}(km²)	P_{ij}	(P_{ij})	赋值
地层岩性	第四系松散碎屑堆积物	129.620	13.130	0.1013	0.2412	4
	强风化的片岩及板岩岩组	1074.330	173.990	0.1620	0.3856	5
	中等风化的灰岩及砂岩岩组	451.510	26.500	0.0587	0.1397	3
	弱风化的板岩及火山岩岩组	1211.260	61.340	0.0506	0.1206	2
	侵入岩及岩脉	258.070	12.230	0.0474	0.1128	1
与断裂的距离(m)	<100	145.017	15.207	0.1049	0.1738	5
	100～200	125.010	13.165	0.1053	0.1746	5
	200～300	141.509	14.686	0.1038	0.1721	4
	300～400	120.406	12.263	0.1018	0.1688	3
	400～500	127.492	12.509	0.0981	0.1627	2
	>500	2465.888	220.266	0.0893	0.1481	1

续表 6-1

影响因子	级别	A_t(km²)	A_{sd}(km²)	P_{ij}	(P_{ij})	赋值
坡度(°)	<10	120.901	9.364	0.0775	0.1210	1
	10~20	393.011	33.071	0.0841	0.1315	2
	20~30	394.568	35.583	0.0902	0.1409	4
	30~40	564.278	51.041	0.0905	0.1413	4
	40~50	683.142	61.232	0.0896	0.1401	3
	50~60	847.968	85.339	0.1006	0.1572	6
	>60	121.427	12.466	0.1027	0.1604	7
坡向	Flat	11.132	1.219	0.1095	0.1308	6
	North	580.894	16.082	0.0277	0.0331	1
	Northeast	392.762	26.263	0.0669	0.0799	2
	East	318.424	26.005	0.0817	0.0976	3
	Southeast	503.140	45.213	0.0899	0.1074	4
	South	252.837	44.698	0.1768	0.2112	9
	Southwest	361.066	43.112	0.1194	0.1427	7
	West	414.007	34.211	0.0826	0.0987	3
	Northwest	390.842	32.306	0.0827	0.0988	3
相对高差(m)	<350	259.769	17.475	0.0673	0.1012	1
	350~450	596.859	54.087	0.0906	0.1363	2
	450~550	780.623	84.927	0.1088	0.1636	6
	550~600	362.074	38.451	0.1062	0.1597	5
	600~700	551.553	57.916	0.1050	0.1579	4
	700~800	267.822	26.102	0.0975	0.1466	3
	>800	100.722	9.018	0.0895	0.1347	2

续表 6-1

影响因子	级别	A_t(km²)	A_{sd}(km²)	P_{ij}	(P_{ij})	赋值
地貌信息熵值	<0.01	14.310	2.989	0.2089	0.2255	9
	0.01~0.05	38.997	4.866	0.1248	0.1347	7
	0.05~0.111	673.301	80.365	0.1194	0.1289	6
	0.111~0.15	506.061	73.548	0.1453	0.1569	8
	0.15~0.2	517.531	32.068	0.0620	0.0669	3
	0.2~0.25	598.904	69.859	0.1166	0.1259	5
	0.25~0.30	435.070	12.562	0.0289	0.0312	2
	0.3~0.35	270.669	4.108	0.0152	0.0164	1
	>0.35	65.200	6.858	0.1052	0.1136	4
6—9月份月均降雨量(mm)	<84	513.143	5.698	0.0111	0.0531	1
	84~89	881.861	62.590	0.0710	0.3391	2
	>89	1727.495	219.779	0.1272	0.6079	3
植被归一化指数NDVI	0~0.1	207.376	24.075	0.1161	0.2357	3
	0.1~0.3	320.872	46.429	0.1447	0.2937	5
	0.3~0.5	942.878	123.844	0.1313	0.2666	4
	0.5~0.6	1116.787	77.029	0.0690	0.1400	2
	0.6~1	530.360	16.720	0.0315	0.0640	1

表 6-2 采用泥石流沟数据计算的影响因子权重

影响因子	H_j	$H_{j\max}$	I_j	W_j
地层岩性	2.1449	2.3219	0.0762	0.0064
与断裂的距离	2.5813	2.5850	0.0014	0.0001
坡度	2.7913	2.8074	0.0057	0.0005
坡向	3.0452	3.1699	0.0393	0.0037
相对高差	2.7923	2.8074	0.0054	0.0005
地貌信息熵值	2.9215	3.1699	0.0784	0.0081
6—9月份月平均降雨量	1.2089	1.5850	0.2373	0.0159
植被归一化指数NDVI	2.1700	2.3219	0.0654	0.0064

第六章 泥石流易发性评价模型及应用

表6-1、表6-2是采用泥石流(物源区、流通区、堆积区)的影响因子敏感性计算统计结果,表明奔子栏—昌波河段泥石流灾害频发的区域有:强风化的片岩及板岩岩组,第四系松散碎屑堆积物覆盖的区域,特别是强风化的片岩及板岩岩组;坡度>20°的区域;坡向为South、Southwest的区域;流域系统地貌信息熵值为<0.01、0.01~0.15、0.2~0.25的区域;6—9月份月均降雨量在>89mm的区域,植被归一化指数为0.1~0.5的区域。8个影响因子的权重排序为:6—9月份月均降雨量>流域系统地貌信息熵值>地层岩性/植被归一化指数>坡向>坡度/相对高差>构造断裂,因此,判定降雨、流域系统地貌发育特征、地层岩性、植被是研究区泥石流发育的重要影响因素,断裂构造因子的权重值太小,对泥石流的敏感性小,在进行泥石流易发性评价时可不作考虑。故筛选出研究区泥石流发育的7个主控因子:地层岩性、坡度、坡向、相对高差、流域系统地貌信息熵值、6—9月份月均降雨量、植被归一化指数。

表6-3 采用泥石流物源区数据的影响因子分级及敏感性计算统计表

影响因子	级别	A_i(km²)	A_{sd}(km²)	P_{ij}	(P_{ij})	赋值
地层岩性	第四系松散碎屑堆积物	129.620	9.200	0.0710	0.2030	4
	强风化的片岩及板岩岩组	1074.330	146.590	0.1364	0.3903	5
	中等风化的灰岩及砂岩岩组	451.510	26.280	0.0582	0.1665	3
	弱风化的板岩及火山岩岩组	1211.260	49.900	0.0412	0.1178	1
	侵入岩及岩脉	258.070	11.030	0.0427	0.1223	2
与断裂的距离(m)	<100	145.017	11.337	0.0782	0.1663	1
	100~200	125.010	9.716	0.0777	0.1654	1
	200~300	141.509	10.817	0.0764	0.1626	1
	300~400	120.406	9.301	0.0772	0.1644	1
	400~500	127.492	9.789	0.0768	0.1634	1
	>500	2465.888	192.043	0.0779	0.1657	1
坡度(°)	<10	120.901	4.793	0.0396	0.0774	1
	10~20	393.011	27.100	0.0690	0.1346	3
	20~30	394.568	31.047	0.0787	0.1536	4
	30~40	564.278	44.793	0.0794	0.1549	4

续表 6-3

影响因子	级别	$A_t(km^2)$	$A_{sd}(km^2)$	P_{ij}	(P_{ij})	赋值
坡度(°)	40~50	683.142	53.254	0.0780	0.1521	4
	50~60	847.968	71.945	0.0848	0.1656	6
	>60	121.427	10.071	0.0829	0.1619	5
坡向	Flat	11.132	0.069	0.0062	0.0096	1
	North	580.894	28.771	0.0495	0.0761	3
	Northeast	392.762	22.112	0.0563	0.0865	4
	East	318.424	21.819	0.0685	0.1053	5
	Southeast	503.140	38.469	0.0765	0.1174	6
	South	252.837	38.253	0.1513	0.2324	9
	Southwest	361.066	36.561	0.1013	0.1555	7
	West	414.007	30.044	0.0726	0.1115	6
	Northwest	390.842	26.905	0.0688	0.1057	5
相对高差(m)	<350	259.769	9.952	0.0383	0.0683	1
	350~450	596.859	44.611	0.0747	0.1333	2
	450~550	780.623	72.050	0.0923	0.1646	6
	550~600	362.074	32.887	0.0908	0.1619	5
	600~700	551.553	51.380	0.0932	0.1661	6
	700~800	267.822	23.594	0.0881	0.1571	4
	>800	100.722	8.410	0.0835	0.1489	3
地貌信息熵值	<0.01	14.310	1.272	0.0889	0.1281	4
	0.01~0.05	38.997	3.787	0.0971	0.1400	6
	0.05~0.111	673.301	65.975	0.0980	0.1412	6
	0.111~0.15	506.061	62.941	0.1244	0.1793	9
	0.15~0.2	517.531	28.719	0.0555	0.0800	3
	0.2~0.25	598.904	58.893	0.0983	0.1417	6

续表 6-3

影响因子	级别	A_t(km²)	A_{sd}(km²)	P_{ij}	(P_{ij})	赋值
地貌信息熵值	0.25~0.30	435.070	11.239	0.0258	0.0372	2
	0.3~0.35	270.669	3.734	0.0138	0.0199	1
	>0.35	65.200	5.994	0.0919	0.1325	5
6—9月份月平均降雨量(mm)	<84	513.143	5.357	0.0104	0.0601	1
	84~89	881.861	46.355	0.0526	0.3026	2
	>89	1727.495	191.292	0.1107	0.6375	3
植被归一化指数NDVI	0~0.1	207.376	17.340	0.0836	0.2101	4
	0.1~0.3	320.872	36.097	0.1125	0.2827	5
	0.3~0.5	942.878	106.411	0.1129	0.2836	5
	0.5~0.6	1116.787	68.507	0.0613	0.1542	3
	0.6~1	530.360	14.647	0.0276	0.0694	1

表 6-4 采用泥石流物源区数据计算的影响因子权重

影响因子	H_j	$H_{j\max}$	I_j	W_j
地层岩性	2.1616	2.3219	0.0690	0.0048
与断裂的距离	2.5743	2.5850	0.0041	0.0004
坡度	2.7751	2.8074	0.0115	0.0008
坡向	2.9595	3.1699	0.0664	0.0048
相对高差	2.7643	2.8074	0.0153	0.0012
流域系统地貌信息熵值	2.9868	3.1699	0.0578	0.0045
6—9月份月平均降雨量	1.1797	1.5850	0.2557	0.0148
植被归一化指数NDVI	2.1868	2.3219	0.0582	0.0046

表 6-3、表 6-4 是采用泥石流物源区数据的影响因子敏感性计算统计结果,表明奔子栏—昌波河段泥石流灾害频发的区域有:第四系松散碎屑堆积物覆盖的区域、强风化的片岩及板岩岩组;坡度>20°的区域;坡向为 South、Southwest 的区域;流域系统地貌信息熵值为 0.01~0.15、0.2~0.25 的区域;6—9月份月均降雨量在>89mm 的区域,植被归

一化指数为 0.1~0.5 的区域。8 个影响因子的权重排序为:6—9 月份月均降雨量＞地层岩性/坡向＞植被归一化指数＞流域系统地貌信息熵值＞相对高差＞坡度＞构造断裂;判定降雨、地形地貌、地层岩性、植被是研究区泥石流发育的重要影响因素,由于断裂构造的权重值太小,对泥石流的敏感性小,在进行泥石流易发性评价时可不考虑。因此,研究区泥石流灾害发育的主控因子有 7 个:地层岩性、坡度、坡向、相对高差、流域系统地貌信息熵值、6—9 月份月均降雨量、植被归一化指数。

对比分别采用泥石流流域(物源区、流通区、堆积区)和泥石流物源区数据进行的泥石流影响因子敏感性分析结果(表 6-1、表 6-2、表 6-3、表 6-4):影响因子的权重值及权重排序存在较大的差异,其中流域系统地貌信息熵值及相对高差两个影响因子的差异最大;各影响因子各级别的泥石流敏感性差别微小;根据敏感性分析结果可判定降雨、地形地貌、地层岩性、植被是研究区泥石流发育的重要影响因素,断裂构造对研究区泥石流的发育影响甚小,泥石流易发性评价时可不考虑。

三、泥石流易发性评价

采用权重系数法构建易发性评价模型,借助 ArcGIS 10.0 工具,以流域单元为评价单元进行泥石流易发性评价。由于各影响因子的量纲不统一,不能进行叠加计算,需要进行归一化处理,根据表 6-1、表 6-3 敏感性分析中 P_{ij} 的相对大小对主控因子图层进行分类赋值,得到了各主控因子的栅格赋值图层;借助 ArcGIS 10.0 中的区统计功能分别对主控因子进行基于流域单元的统计,得到影响因子的流域单元专题图,地层岩性和坡向两个因子取子流域中出现频率最多的岩性和坡向作为子流域的岩性单位和坡向单位;坡度、流域系统地貌信息熵值、相对高差、6—9 月份月均降雨量、植被归一化指数 5 个因子取平均值作为流域单元的值。将影响因子专题图层分别与其权重结合,建立干热河谷区泥石流易发性评价模型。

采用泥石流沟数据进行泥石流易发性评价的评价模型:

$$S = Recal\_lithology \times 0.0064 + Recal\_slope \times 0.0005 + Recal\_aspect \\ \times 0.0037 + Recal\_relief \times 0.0005 + Recal\_entroy \times 0.0081 + \\ Recal\_rain \times 0.0159 + Recal\_ndvi \times 0.0064$$

采用泥石流物源区数据进行泥石流易发性评价的评价模型:

$$S = Recal\_lithology \times 0.0048 + Recal\_slope \times 0.0008 + Recal\_aspect \\ \times 0.0048 + Recal\_relief \times 0.0012 + Recal\_entroy \times 0.0054 + \\ Recal\_rain \times 0.0148 + Recal\_ndvi \times 0.0046$$

式中:S——易发性指数;

$Recal\_lithology$——地层岩性因子的赋值专题图层；

$Recal\_slope$——坡度因子的赋值专题图层；

$Recal\_aspect$——坡向因子的赋值专题图层；

$Recal\_entroy$——流域系统地貌信息熵值因子的赋值专题图层；

$Recal\_relief$——流域相对高差因子的赋值专题图层；

$Recal\_ndvi$——植被归一化指数因子的赋值专题图层；

$Recal\_rain$——6—9月份月均降雨量因子的赋值专题图层；

$Recal\_ndvi$——植被归一化指数因子的赋值专题图层。

按上式计算得到泥石流易发性指数 S 值的范围：采用泥石流流域数据计算得到的易发性指数范围：0.072～0.207；采用泥石流物源区数据计算得到的易发性指数范围：0.075～0.181。按自然断点法（Natural Breaks）将研究区按易发性指数的大小分为极低易发区、低易发区、中等易发区、高易发区、极高易发区5个等级（表6-5），得到研究区泥石流易发性评价分区图（图6-4），并对易发性评价结果进行统计，见表6-6、图6-5及表6-7、图6-6。

表6-5 泥石流易发性等级划分

易发性级别	易发性指数 S（泥石流沟）	易发性指数 S（泥石流物源区）
极低易发区	$S \leq 0.102$	$S \leq 0.1$
低易发区	$0.102 < S \leq 0.126$	$0.1 < S \leq 0.119$
中等易发区	$0.126 < S \leq 0.145$	$0.119 < S \leq 0.136$
高易发区	$0.145 < S \leq 0.164$	$0.136 < S \leq 0.149$
极高易发区	$S > 0.164$	$S > 0.149$

表6-6 采用泥石流流域数据的泥石流易发性评价结果统计表

易发区分级	易发区面积（km²）	易发区面积百分比（%）	泥石流面积（km²）	泥石流面积百分比（%）	易发区内实际泥石流百分比（%）
极高易发区	521.0	16.7	93.5	32.6	17.9
高易发区	692.5	22.2	99.2	34.6	14.3
中等易发区	809.5	25.9	53.2	18.5	6.6
低易发区	532.1	17.0	28.8	10.0	5.4
极低易发区	567.7	18.2	12.3	4.3	2.2

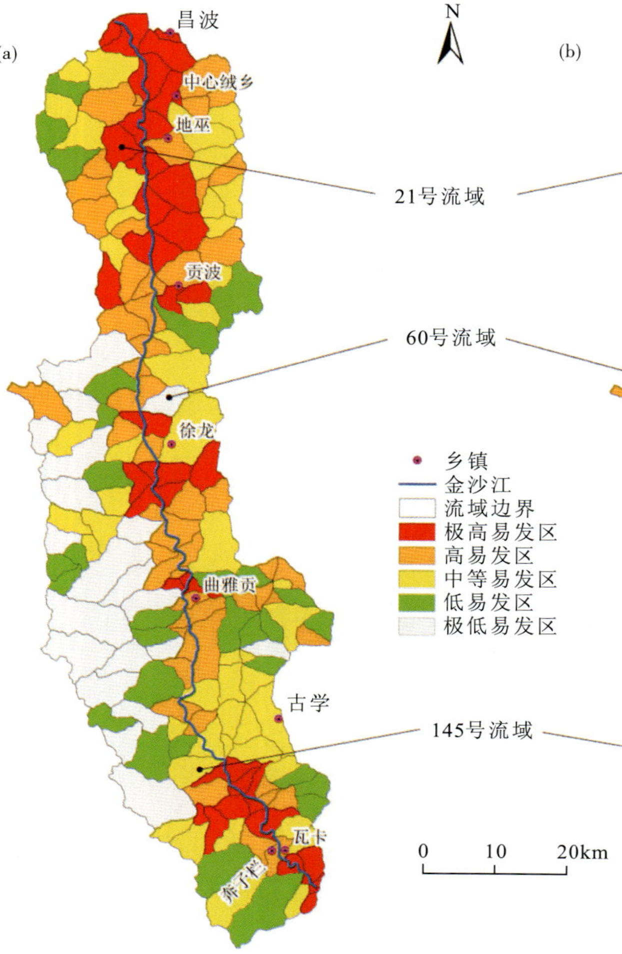

图 6-4 研究区泥石流易发性评价图

(a)采用泥石流流域数据得到的易发性评价图；(b)采用泥石流物源区数据得到的易发性评价图

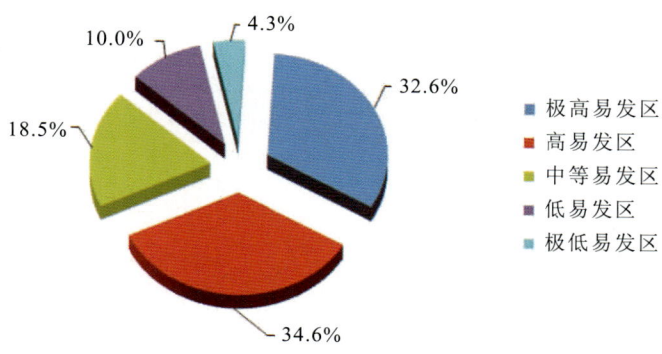

图 6-5 采用泥石流流域数据得到的易发性评价图中各易发
区内泥石流面积占总泥石流面积的百分比

表 6-7 采用泥石流物源区数据的泥石流易发性评价结果统计表

易发区分级	易发区面积（km²）	易发区面积百分比（%）	泥石流面积（km²）	泥石流面积百分比（%）	易发区内实际泥石流百分比（%）
极高易发区	536.8	17.2	109.9	38.1	20.5
高易发区	601.3	19.2	72.9	25.3	12.1
中等易发区	913.4	29.2	72.8	25.3	8.0
低易发区	571.2	18.3	24.4	8.5	4.4
极低易发区	501.2	16.0	8.2	2.8	1.6

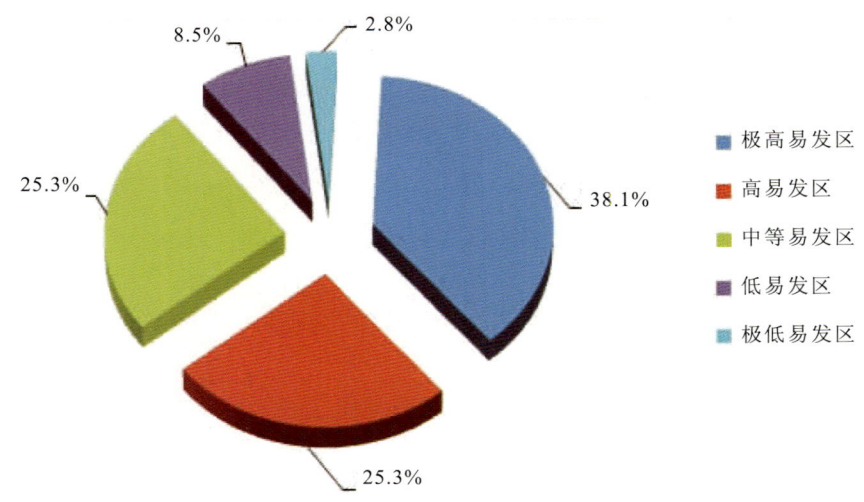

图 6-6 采用泥石流物源区数据得到的易发性评价图中各易发区内泥石流面积占总泥石流面积的百分比

易发性评价图表明：分别利用泥石流流域数据和泥石流物源区数据得到的易发性评价图各易发性等级的子流域分布差别较小，研究区泥石流极高易发区和高易发区主要分布在北部的昌波—贡波段、中部的徐龙—曲雅贡段和南部的金沙江沿岸，两区内的泥石流面积占泥石流总面积的比重较大，都大于60%（表6-6、表6-7，图6-5、图6-6）；低易发区和极低易发区主要分布在研究区西部及东南部高山植被及冰雪覆盖的高海拔地区，两区内的泥石流面积占泥石流总面积的比重较小，都小于15%（图6-5、图6-6），说明泥石流易发性预测结果与实际情况相吻合。但是仅依靠泥石流易发性评价结果的统计，不能反映泥石流易发性评价结果的精度及泥石流分布数据对评价结果精度的影响，还需对评价结果进行检验及现场验证。

第七章 泥石流评价结果检验

丰富的物源是泥石流发育的先决条件,流域单元中物源的储量影响泥石流发育的规模。研究区海拔 4000m 以上的地区多被冰雪覆盖,高山植被生长茂盛,松散物源主要分布在海拔 2500~4000m 的沟谷中。极高易发性、中易发性、极低易发性流域单元中物源区的横剖面图表明:泥石流易发性高的流域,物源区沟深谷宽,有利于松散物源的积累;泥石流易发性低的流域,物源区沟浅谷窄,不利于松散物源的积累(图 7-1)。图 7-1 通过流域高精度的高分一号卫片、物源区横剖面图、野外调查照片展示了研究区泥石流不同易发区的地貌特点及物源区横剖面特征,21 号流域为泥石流极高易发区,145 号流域为中等

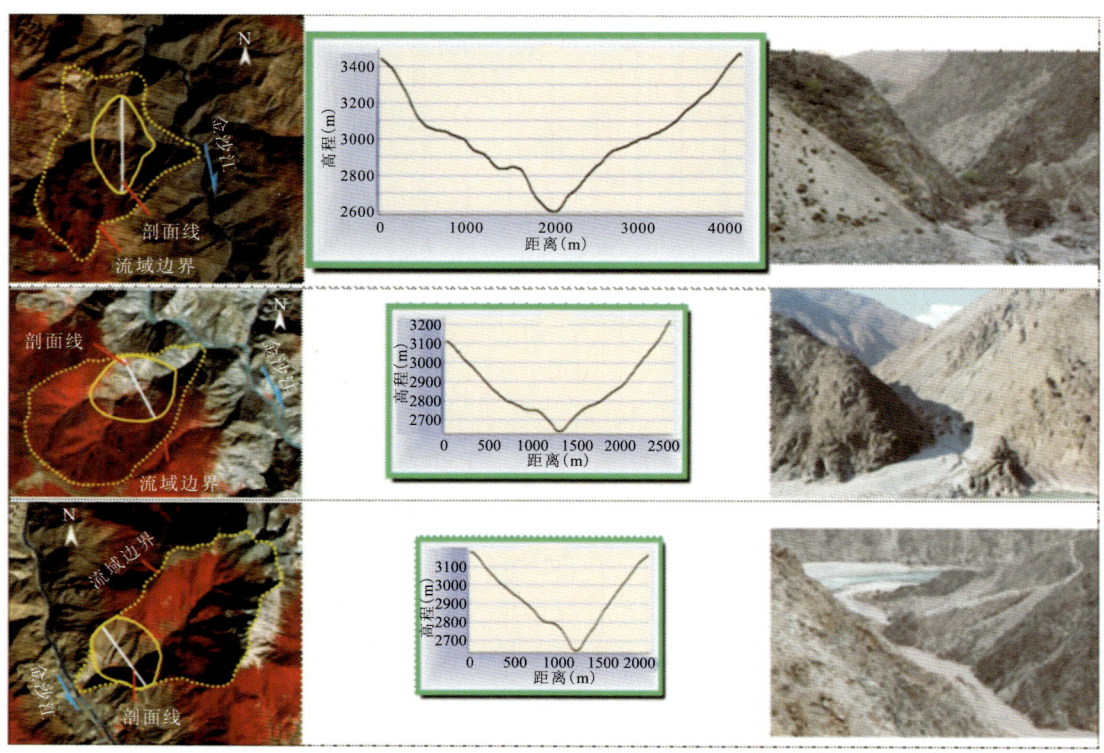

图 7-1 泥石流各易发性级别中流域的物源区横剖面对比图

易发性区,60号流域为极低易发区,流域中物源区的横剖面特征与研究区泥石流易发性的评价结果是相符的。

评价结果检验是泥石流易发性评价中的基本步骤,能判读易发性评价图的质量(Chen et al,2016)。本书通过泥石流的分布图和泥石流易发性评价图的对比,以预测泥石流面积累计百分比(易发区面积累计百分比)作为横坐标,以实际泥石流面积累计百分比为纵坐标,构建检验曲线对易发性评价结果进行检验(图7-2、图7-3)。检验曲线下的面积(AUC)可以用来定量表示易发性预测的成功率,评价预测模型与实际泥石流的拟合优度(Jadda et al,2009)。检验曲线呈"凸型",表明泥石流易发性评价结果与实际泥石流发育情况吻合较好(Kamp et al,2008;Zezere et al,2008)。检测曲线下的面积(AUC)越接近1,易发性评价的结果越好(Li et al,2012)。

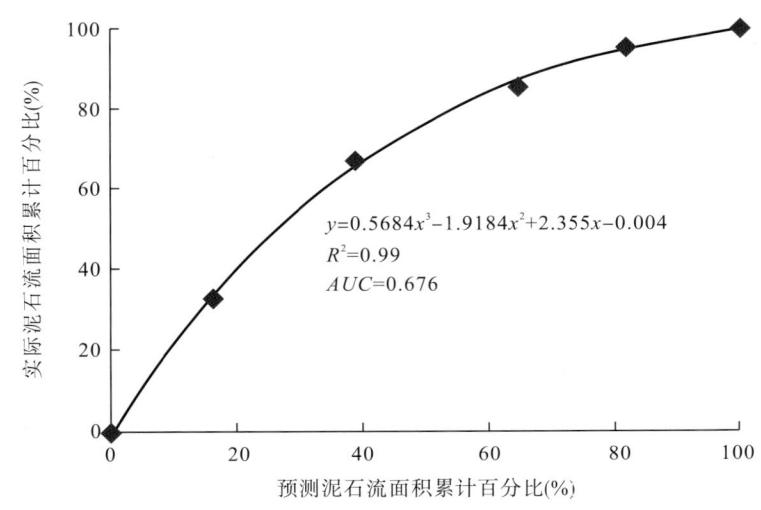

图7-2 采用泥石流流域数据得到的易发性评价结果的检验曲线

经检验(图7-2、图7-3),采用泥石流流域数据、泥石流物源区数据得到的易发性评价结果的检验成功率分别为67.6%、69.0%,表明泥石流预测的准确率较高,但也存在一定的误差。分析误差出现的原因有:①研究区面积较大,加上受流域单元比例尺的精度限制,存在较大的尺寸效应,导致各评价因子的定量化的精度受到影响;②地质图的比例尺偏小,导致地层岩性的划分存在一定的误差,进而可能对地层岩性因子的权重值产生影响。③仅采用指标熵模型进行泥石流易发性评价,方法相对单一,应与其他方法进行对比以检验其适用性。

采用泥石流流域数据得到的易发性评价结果的预测成功率为67.6%,采用泥石流物源区数据得到的泥石流易发性预测成功率为69.0%。采用两种泥石流分布数据进行泥

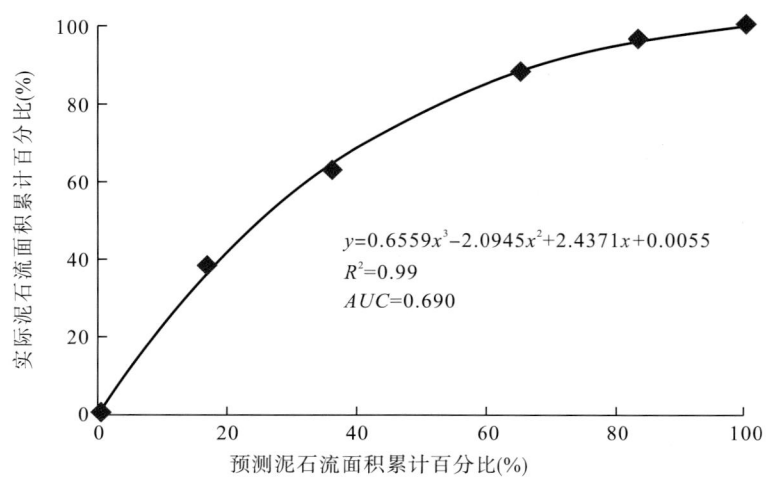

图7-3 采用泥石流物源区数据得到的易发性评价结果的检验曲线

石流易发性评价的评价结果精度差别较小,采用泥石流物源区数据的易发性评价结果的精度略高。经过野外现场调查验证,采用泥石流物源区进行的泥石流易发性评价结果更符合实际泥石流的发育情况,说明泥石流分布数据对易发性评价结果有一定的影响,采用泥石流物源区数据的泥石流预测准确率更高。采用两种泥石流分布数据进行的泥石流易发性评价的影响因子体系及评价模型相同,对比泥石流数据的分布(图6-2、图6-3),研究区泥石流沟总面积为288.1km²,泥石流物源区总面积为243.0km²,泥石流物源区总面积占泥石流沟总面积的比重为84.3%,而流通区及堆积区的总面积占泥石流沟总面积的比重仅为15.7%,说明物源区的面积较大,可能导致泥石流流通区及堆积区分布数据对评价结果精度的影响偏小。总体而言,采用泥石流物源区数据进行泥石流易发性评价得到的结果其可靠性较高。

第八章 结 论

干热河谷区植被覆盖稀少,岩石风化强烈,泥石流灾害活跃。金沙江上游奔子栏—昌波河段年降雨量多为300~400mm,属于干热河谷气候,该区高山峡谷地形发育,岩性软弱,以片岩和板岩为主,易形成崩塌和滑坡堆积,同时该区温差较大,岩石物理风化强烈,斜坡变形破坏较为严重,促使斜坡地带发育丰富的松散碎屑堆积物(以崩塌、滑坡堆积和坡积为主),在短历时强降雨条件下容易激发形成泥石流。采用指标熵模型对研究区进行基于流域单元的泥石流易发性评价,得到以下结论:

(1)考虑泥石流灾害的流域特性及易发性评价图的适用性,选取10 000的阈值将研究区划分为217个子流域,以流域单元作为评价单元进行泥石流易发性评价。从泥石流形成的基本条件出发,初选干热河谷区泥石流易发性评价的8个影响因子:地层岩性、断裂构造、坡度、坡向、相对高差、流域系统地貌信息熵值、6—9月份月均降雨量、植被归一化指数。

(2)分别利用泥石流流域数据及泥石流物源区数据计算得到的各影响因子的权重值存在较大差异,流域系统地貌信息熵值及相对高差两个影响因子的权重差异最大;降雨、地形地貌、地层岩性、植被是研究区泥石流发育的重要影响因素,断裂构造对研究区泥石流的发育影响相对较小,泥石流易发性评价时可不考虑。

(3)分别利用泥石流流域数据及泥石流物源区数据计算得到的各影响因子各级别的泥石流敏感性差别微小,奔子栏—昌波河段泥石流灾害频发的区域有:第四系松散碎屑堆积物覆盖的区域、强风化的片岩及板岩岩组;坡度>20°的区域;坡向为South、Southwest的区域;流域系统地貌信息熵值为0.111~0.15、0.2~0.25的区域;6—9月份月均降雨量>89mm的区域;植被归一化指数为0.1~0.5的区域。

(4)分别利用泥石流流域和泥石流物源区数据得到的易发性评价图各易发性等级的子流域分布差别较小,研究区泥石流极高易发区和高易发区主要分布在北部的昌波—贡波段、中东部的徐龙—曲雅贡段和南部的金沙江沿岸;高易发区和极高易发区的面积占研究区总面积的比重较大,都大于60%;低易发区和极低易发区面积占研究区总面积的比重较小,都小于15%。

(5)分别采用泥石流沟和泥石流物源区的泥石流预测成功率分别为67.6%、69.0%,表明泥石流预测的准确率较高,但存在一定误差。采用泥石流物源区的易发性评价结果的精度略高于采用泥石流流域的泥石流易发性评价结果的精度,结合泥石流评价结果的现场验证,判定泥石流分布数据对易发性评价结果精度有一定的影响,采用泥石流物源区数据进行泥石流易发性评价得到的结果可靠性较高。

主要参考文献

艾南山,岳天祥. 再论流域系统的信息熵[J]. 水土保持学报,1988,2(4):1-7.

艾南山. 侵蚀流域系统的信息熵[J]. 水土保持学报,1987,1(2):1-7.

陈剑,崔之久,戴福初,等. 金沙江奔子栏—达日河段大型泥石流堆积扇的成因机制[J]. 山地学报,2011,29(3):312-319.

陈杰,卢演俦,魏兰英,等. 第四纪沉积物光释光测年中等效剂量测定方法的对比研究[J]. 地球化学,1999,28(5):443-452.

陈晓清,谢洪. 基于GIS的泥石流危险度区划研究——以拟建向家坝、溪洛渡水电工程库区为例[J]. 土壤侵蚀与水土保持学报,1999,5(6):46-50.

丛威青,潘懋,李铁峰,等. 基于GIS的滑坡、泥石流灾害危险性区划关键问题研究[J]. 地学前缘,2006,13(2):185-190.

崔之久,等. 泥石流沉积与环境[M]. 北京:海洋出版社,1996:138-144.

崔之久,熊黑钢. 泥石流沉积相模式[J]. 沉积学报,1990,8(3):128-140.

戴福初,姚鑫,陈剑,等. 金沙江—奔子栏水电站库区地质构造、环境地质遥感研究报告[R]. 2005.

冯策,刘瑞,苟长江. 基于Logistic回归模型的芦山震后滑坡易发性评价[J]. 成都理工大学学报(自然科学版),2013,40(3):282-286.

付小林,黄学斌,郭希哲,等. "3S"技术整合在地质灾害调查评价中的应用[J]. 地质力学学报,2004,10(1):81-85.

高桥保,中川一,佐藤宏章. 扇状地における土砂泛滥灾害危险度の评价[J]. 京都大学防灾研究所年报,1988,31(B-2):655-676.

胡桂胜,陈宁生,邓虎. 基于GIS的西藏林芝地区泥石流易发与危险区分析[J]. 水土保持研究,2012,19(3):195-199.

胡浩鹏. 北京市泥石流灾害风险评估指标体系及方法研究[D]. 北京:中国地质大学(北京),2007.

久保田哲也,正务章,板垣昭彦. 流域の任意地点における短时间降雨预测手法と土石流发生危险度判定图の开发[J]. 新砂防,1990,42(6):11-17.

况明生. 云南小江流域第四纪环境变迁与泥石流发育史研究[D]. 兰州:兰州大学,1995.

黎艳,陈剑,许冲,等. 基于AHP的半干旱区泥石流易发性评价——以金沙江上游奔子栏—昌波河段为例[J]. 现代地质,2015,29(4):975-982.

李阔,唐川. 泥石流危险性评价研究进展[J]. 灾害学,2007,22(1):106-110.

李新荣,杨金凤,李顺江,等. 基于DEM的潮河流域水文特征提取[J]. 环境经济与环境管理,2013,3:1751-1754.

李雅辉,杨武年,杨鑫,等. 基于流域系统的地貌信息熵泥石流敏感性评价[J]. 中国水土保持,2011(1):55-57.

李雅辉. 基于流域尺度的泥石流危险性评价——以岷江流域汶川县为例[D]. 成都:成都理工大学,2011:21-45.

李永化,张小咏,崔之久,等. 第四纪泥石流活动期与气候期的阶段性耦合过程[J]. 第四纪研究,2002,22(4):340-348.

李振林,许丽媛,鲍立尚. 基于数字高程模型的流域分析研究[J]. 信息科技,2012,54(10):100.

刘洪江,唐川,崔鹏,等. GIS支持下的东川区泥石流危险度区划[J]. 干旱区地理,2005,28(4):445-448.

刘洪江,唐川. 昆明市东川区泥石流信息系统的建立与应用[J]. 云南地理环境研究,2004,16(1):33-36.

刘家宏,王光,王开. 数字流域研究综述[J]. 水利学报,2006,37(2):240-246.

刘希林. 泥石流风险评价中若干问题的探讨[J]. 山地学报,2000,18(4):341-345.

刘希林. 泥石流危险度判定的研究[J]. 灾害学,1988,3(3):10-15.

宁娜,马金珠,张鹏,等. 基于GIS和信息量法的甘肃南部白龙江流域泥石流灾害危险性评价[J]. 资源科学,2013,35(4):892-899.

沈寿长,谭炳炎. 泥石流防治理论和实践[C]. 西安:西安交通大学出版社,1991:45-71.

宋晓猛,张建云,占车生,等. 基于DEM的数字流域特征提取研究进展[J]. 地理科学进展,2013,32(1):31-40.

谭炳炎. 泥石流沟严重程度的数量化综合评判[J]. 水土保持通报,1986,8(2):74-82.

汤国安,杨昕. 地理信息系统分析教程[M]. 北京:科学出版社,2006.

唐川. 汶川地震区暴雨滑坡泥石流活动趋势预测[J]. 山地学报,2010,28(3):341-349.

唐川. 云南怒江流域泥石流空间敏感性空间分析[J]. 地理研究,2005,24(2):178-185.

唐尧,杨武年. 基于GIS的震后汶川潜在泥石流危险性评价[J]. 上海国土资源,2012,33(3):57-60.

铁永波,唐川. 层次分析法在单沟泥石流危险度评价中的应用[J]. 中国地质灾害与防治学报,2006,17(4):79-83.

王金亮,翁秀红. 基于主成分分析法的泥石流危险度综合评价[J]. 地质灾害与环境保护,2013,24(1):88-91.

王钧,欧国强,杨顺,等. 地貌信息熵在地震后泥石流危险性评价中的应用[J]. 山地学报,2013,31(1):83-91.

王学良,李建一. 基于层次分析法的泥石流危险性评价体系研究[J]. 中国矿业,2011,20(10): 115-117.

伍先国,蔡长星. 金沙江断裂带新活动和巴塘6.5级地震震中的确定[J]. 地震研究,1992,15(4):401-409.

谢洪,钟敦伦,矫震,等. 2008年汶川地震重灾区的泥石流[J]. 山地学报,2009,27(4):501-509.

徐锡伟,张培震,闻学泽,等. 川西及其邻近地区活动构造基本特征与强震复发模型[J]. 地震地质,2005,27(3):446-454.

杨军,李瑞军. 3S技术在地质灾害监测中的应用[J]. 科技信息,2008,33:434-436.

姚鑫,戴福初,陈剑. 金沙江干热河谷区地质灾害遥感研究[J]. 长江流域资源与环境,2007,16(5):655-660.

业渝光,刁少波,和杰,等. 云南东川古泥石流堆积ESR测年的初步研究[J]. 地理科学,1995,15(4):374-377.

张春山,吴满路,张业成. 地质灾害风险评价方法及展望[J]. 自然灾害学报,2003,12(1):96-102.

张荣祖. 横断山区干旱河谷[M]. 北京:科学出版社,1998:1-7.

张若琳,孟晖,连建发. 基于GIS的中国泥石流易发性评价[J]. 成都理工大学学报(自然科学版),2013,40(4):379-384.

赵华,Prescott J R,卢演俦,等. 北京延庆断层崩积物记录的古地震事件释光测年研究[J]. 中国地震,2001,17(2):176-186.

邹强,崔鹏,张建强,等. 长江上游地区泥石流灾害敏感性量化评价研究[J]. 环境科学与技术,2012,35(3):159-163.

邹强,王青,刘延国. 基于GIS与Logistic模型的公路泥石流易发性分析[J]. 水土保持通报. 2014,34(3):185-188.

足立胜治,德山九仁夫,中筋章人,等. 土石流発生危険度の判定について[J]. 新砂防,1977,30(3):7-16.

Ave L, Weidman F D. Impacts of peatland drainage on the properties of typical water flow paths determined from a digital elevation model[J]. Water Policy, 2008, 39(5-6): 359-368.

Bednarik M, Magulová B, Matys M, et al. Landslide susceptibility assessment of the Kralovany – Liptovský Mikuláš railway case study[J]. Physics and Chemistry of the Earth, 2010, 35(3-5): 162-171.

Berenguer M, Semperetorres D, Hürlimann M. Debris-flow hazard assessment at regional scale by combining susceptibility mapping and radar rainfall[J]. Natural Hazards & Earth System Sciences Discussions, 2014, 2(10):6295-6338.

Blais-Stevens A, Behnia P, Kremer M, et al. Landslide susceptibility mapping of the Sea to Sky transportationcorridor, British Columbia, Canada: comparison of two methods[J]. Bull Engineering Geology & the Environment, 2012, 71(3):447-466.

Brusden D, Prior D B. Slope instability[M]. Instability,1984:523-543.

Bui T D, Pradhan B, Lofman O, et al. Landslide susceptibility assessment in the Hoa Binh province: A comparison of the Levenberg-Marquardt and Bayesian regularized neural networks [J]. Geomorphology, 2012, 171-172(9):12-29.

Carrara A, Cardinali M, Detti R, et al. GIS techniques and statistical models in evaluating landslidehazard[J]. Earth Surface Processes & Landforms, 1991, 16(5):427-445.

Cerling T E, Webb R J, Poreda R J, et al. Cosmogenic 3He ages and frequency of late Holocene debris flows from Prospect Canyon, Grand Canyon, USA[J]. Geomorphology,1999,27(1-2):93-111.

Chen J, Dai F C, Yao X. Holocene debris-flow deposits and their implications on climate in the upper Jinsha River valley, China[J]. Geomorphology, 2008, 93(3-4):493-500.

Chen J, Li Y, Zhou W, et al. Debris-flow susceptibility assessment model and its application in semi-arid mountainous areas of the southeastern Tibetan Plateau[J]. Natural Hazards Review,2016, DOI:10.1061/(ASCE)NH.1527-6996.0000229.

Chung C F, Fabbri A G. Validation of spatial prediction models for landslide hazard mapping[J]. Natural Hazards, 2003, 30(3):451-472.

Constantin M, Bednarik M, Jurchescu M C, et al. Landslide susceptibility assessment using the bivariate statisticalanalysis and the index of entropy inthe Sibiciu Basin (Romania)[J]. Environment EarthSciences,2011, 63(2):397-406.

Devkota K C, Regmi A D, Pourghasemi H R, et al. Landslide susceptibility mapping using certainty factor, index of entropy and logistic regression models in GISand their comparison at Mugling-Narayanghat roadsection in Nepal Himalaya[J]. Natural Hazards, 2013, 65(1):135-165.

Dikau R. Derivatives from detailed geoscientific maps using computermethods[J]. Z. Geomorphology,1990, 80 (supp l):45-55.

Dolif G, Engelbrecht A, Jatobá A, et al. Resilience and brittleness in the ALERTA RIO system: a field study about the decision-making of forecasters[J]. Natural Hazards, 2013, 65(3):1831-1847.

Eldeen M T. Predisaster physical planning: Inteqration of disaster risk analysis into physical planning: a case study in Tunisia[J]. Disasters, 1980, 4(2):211-222.

Elkadiri R, Sultan M, Youssef A, et al. A Remote sensing-based approach for debris-flow susceptibility assessment using Artificial Neural Networks and Logistic Regression Modeling [J]. IEEE Journal of Selected Topics in Applied Earth Observations & Remote Sensing, 2014, 7(12):4818-4835.

Ellen S D, Wieczorek G F. Landslide, floods and marine effects of the storm of January 3 – 5 1982 in the San Francisco Bay Region, California[J]. US Geological Survey Professional Paper, 1988.

Esper A M Y. Debris flow susceptibility mapping in a portion of the Andes and Preandes of San Juan, Argentina using frequency ratio and logistic regression models[J]. Earth Sciences Research Journal, 2013, 17(2): 159 – 167.

Fuchs M, Lang A. OSL dating of coarse-grain fluvial quartz using single-aliquot protocols on sediments from NE Peloponnese, Greece[J]. Quaternary Science Reviews, 2001, 20(5 – 9): 783 – 787.

Gasse F, Arnold M, Fonts J C, et al. A 13 000-year climate record from western Tibet[J]. Nature, 1991, 353(24): 742 – 745.

Gomes R A T, Guimarães R F, De Carvalho Júnior O A, et al. Combining spatial models for shallow landslides and debris – flows prediction[J]. Remote Sensing, 2013, 5(5): 2219 – 2237.

Guzzentti F, Carrara A, Cardinal M, et al. Landslide hazard evaluation a review of currenttechniques andtheir application in a multi – scale study CentralItaly[J]. Geomorphology, 1999, 31(1 – 4): 181 – 216.

Guzzetti F, Reichenbach P, Ardizzone F, et al. Estimating the quality of landslidesusceptibility models[J]. Geomorphology, 2006, 81(1 – 2): 166 – 184.

Guzzetti F, Reichenbach P, Cardinali M, et al. Probabilistic landslide hazardassessment at the basin scale[J]. Geomorphology, 2005, 72(1 – 2): 272 – 299.

Han G Q, Wang D G. Numerical modeling of Anhui debris flow[J]. Journal of Hydraulic Engineering, 1996, 122(5): 262 – 265.

Hancock G. The use of Digital Elevation Models in the identification and characterizationof catchments over different grid scales[J]. Hydrological Processes, 2005, 19(9): 1727 – 1749.

Hollingsworth R, Kovacs G S. Soil slumps and debris flows: Prediction and protection[J]. Bulletin of the Association of Engineering Geologists, 1981, 18(1): 17 – 28.

Huntley D J, Godfrey-Smith D I, Thewalt M L W. Optical dating of sediments[J]. Nature, 1985, 313(5998): 105 – 107.

Hürlimann M, Copons R, Altimir J. Detailed debris onhazard assessment in Andorra: multidisciplinary approach[J]. Geomorphology, 2006, 78(3 – 4): 359 – 372.

Jadda M, Shafri H Z M, Mansor S B, et al. Landslide susceptibility evaluation and factor effect analysis using probabilistic frequency ratio model[J]. European Journal of Scientific Research, 2009, 33(4): 654 – 668

Kamp U, Growley B J, Khattak G A, et al. GIS – based landslide susceptibility mapping for the 2005 Kashmir earthquake region[J]. Geomorphology, 2008, 101(4): 631 – 642.

Keefer D K, Moseley M E, Defrance S D. A 38 000-—year record of floods and debris flows in the Ilo region of southern Peru and its relation to El Nino events and great earthquakes[J]. Palaeogeography, Palaeoclimatology, Palaeoecology, 2003, 194(1-3): 41-77.

Lang A, Moya J, Corominas J, et al. Classic and new dating methods for assessing the temporal occurrence of mass movements[J]. Geomorphology, 1999, 30(1): 33-52.

Lee S, Pradhan B. Landslide hazard mapping at Selangor, Malaysia using frequency ratio and logisticregression models[J]. Landslides, 2007, 4(1): 33-41.

Li C J, Ma T H, Sun L L, et al. Application and verification of a fractal approach to landslide susceptibility mapping[J]. Natural Hazards, 2012, 61(1): 169-185.

Liang W J, Zhuang D F, Jiang D, et al. Assessment of debris flow hazards using a BayesianNetwork[J]. Geomorphology, 2012, 171(9): 94-100.

Liu G C, Li G J, Yang L N. Risk assessmen of debris flow based on improved analytichierarchy process and efficacy coefficient method[J]. Global Geology, 2012, 15(3): 231-236.

Lu Yanchou, Prescottb J R, Zhao Hua, et al. Optical dating of colluvial deposits from Xiyangfang, China, and the relation to palaeo-earthquake events[J]. Quaternary Science Reviews, 2002, 21(8): 1087-1097.

Marchetti D W, Cerling T E. Cosmogenic 3He exposure ages of Pleistocene debris flows and desert pavements in Capitol Reef National Park[J]. Utah Geomorphology, 2005, 67(3-4): 423-435.

Mark D M. Automatic detection of drainage networks from digital elevation models[J]. Cartographica, 1983, 6(2): 168-178.

Mark R K. Map of debris-flow probability, San Mateo County, California[J]. Imap, 1992.

Matthews J A, Dahl S O, Berrisford M S, et al. A preliminary history of Holocene colluvial (debris-flow) activity, Leirdalen, Jotunheimen, Norway[J]. Journal of Quaternary Science, 1997, 12(2): 117-129.

Murray A S, Olley J M, Caitcheon G G. Measurement of equivalent doses in quartz from contemporary water—lain sediments using optically stimulated luminescence[J]. Quaternary Science Reviews, 1995, 14(4): 365-371.

Nilsen T H, Brabb E E. 18 Slope-stability studies in theSan Francisco Bay Region, California[J]. Reviews in Engineering Geology, 1977, 3: 233-244.

Nott J F, Thomas M F, Price D M. Alluvial fans, landslides and late Quaternary climatic change in the wet tropics of northeast Queensland[J]. Australian Journal of Earth Sciences, 2001, 48(6): 875-882.

Olley J M, Caitcheon G G, Roberts R G. The origin of dose distributions in fluvial sediments, and the prospect of dating single grains from fluvial deposits using optically stimulated luminescence[J]. Radiation Measurements, 1999, 30(2): 207-217.

Olley J M, Caitcheon G, Murray A S. The distribution of apparent dose as determined by optically stimulated luminescence in small aliquots of fluvial quartz: Implication for dating young sediments[J]. Quaternary Science Reviews, 1998, 17(11):1033 - 1040.

O'Callaghan J F, Mark D M. The extraction of drainage networks from digital elevation data[J]. Computer Vision Graphics and Image Processing, 1984, 28(3): 323 - 344.

Pourghasemi H R, Mohammady M, Pradhan B. Landslidesusceptibility mapping using index of entropy and conditionalprobabilitymodels in GIS: Safarood Basin, Iran[J]. Catena, 2012, 97(15): 71 - 84.

Pourghasemi H R, Moradi H R, Fatemi Aghda S M. Landslide susceptibility mapping by binary logistic regression, analytical hierarchy process, and statistical index models and assessment of their performances[J]. Natural Hazards, 2013, 69(1):749 - 779.

Pourghasemi H R, Pradhan B, Gokceoglu C. Application of fuzzy logic and analytical hierarchy process (AHP) to landslide susceptibility mapping at Haraz watershed, Iran[J]. Natural Hazards, 2012, 63(2): 965 - 996.

Pradhan B, Lee S. Delineation of landslide hazard areas using frequency ratio, logistic regressionand artificial neural network model at Penang Island, Malaysia[J]. EnvironmentalEarthSciences, 2010, 60(5):1037 - 1054.

Pradhan B, Lee S. Landslide risk analysis using artificial neural network model focusing on different training sites[J]. International Journal of Physical Sciences, 2009, 4(1): 1 - 12.

Rittenour T M, Goble R J, Blum M D. An optical age chronology of late Pleistocene fluvial deposits in the northern lower Mississippi valley[J]. Quaternary Science Reviews, 2003, 22(10 - 13): 1105 - 1110.

Sarkar S, Kanungo D P, Patra A K, et al. GIS based spatial data analysis for landslide susceptibility mapping[J]. Journal of Moutain Science, 2008, 5(1): 52 - 62.

Spencer J Q G, Robinson R A J. Dating intramontane alluvial deposits from NW Argentina using luminescence techniques: Problems and potential[J]. Geomorphology, 2007, 93(1 - 2):144 - 155.

Sujatha E R, Kumaravel P, Rajamanickam G V. Assessing landslide susceptibility using Bayesianprobability - based weight of evidence model[J]. Bulletin of Engineering Geology & the Environment, 2014, 73(1):147 - 161.

Takahashi T. Estimation of potential debris flows and their hazardous zones: soft countermeasures for a disaster [J]. Journal of Natural Disaster Science, 1981, 3(1):57 - 89.

Vlčko J, Wagner P, Rychlíková Z. Evaluation of regional slope stability[J]. Mineralia Slovacal, 1980, 2(3): 275 - 283.

Wadge G. The potential of GISmodeling of gravity flows and slope instability[J]. Geographical Information Systems, 1988, 2(2):143 - 152.

Wieczork G F. Evaluatingdangerlandslide cataloguemaps[J]. Bulletin of the Association of Engineering Geologists, 1984, 1(1): 337-342.

Wintle A G, Huntley D J. Thermoluminescence dating of sediments[J]. Quaternary Science Reviews, 1982, 1(1): 31-53.

Xu W B, Yu W J, Zhang G P. Prediction method of debris flow by logistic modelwith two types of rainfall: a case studyin the Sichuan, China[J]. Natural Hazards, 2012, 62(2): 733-744.

Xu WB, Yu WJ, Jing S C, et al. Debris flow susceptibility assessment by GIS and information value model in a large-scale region, SichuanProvince(China)[J]. Natural Hazards, 2013, 65(65): 1379-1392.

Yalcin A. GIS-based landslide susceptibility mapping using analytical hierarchy process and bivariate statistics in Ardesen (Turkey): comparisons of results and confirmations[J]. Catena, 2008, 72(1): 1-12.

Yilmaz I. Comparison of landslide susceptibility mapping methodologies for Koyulhisar, Turkey: conditional probability, logistic regression, artificial neural networks, and support vector machine[J]. Environmental Earth Science, 2010, 61(4): 821-836.

Yilmaz I. Theeffect of the sampling strategies on the landslide susceptibility mapping by conditionalprobability and artificial neural networks[J]. Environment Earth Science, 2010, 60(3): 505-519.

Zezere J L, Garcia R A C, Oliveira S C, et al. Probabilistic landslide risk analysis considering direct costs in the area north of Lisbon(Portugal)[J]. Geomorphology, 2008, 94(3/4): 467-495.

Zhang J F, Zhou L P, Yue S Y. Dating fluvial sediments by optically stimulated luminescence: selection of equivalent doses for age calculation[J]. Quaternary Science Reviews, 2003, 22(10-13): 1123-1129.

附 表

流域编号	相对高差(m)	流域面积(km²)	拟合方程	R^2	S	H	发育阶段
1	1933.36	12.64	$y=-1.0141x^3+1.1097x^2-1.0611x+1.0587$	0.99	0.645	0.084	幼年期
2	2577.81	22.14	$y=-1.4154x^3+1.7317x^2-1.2538x+1.0283$	0.99	0.625	0.095	幼年期
3	1288.91	28.29	$y=-1.8984x^3+3.0174x^2-2.025x+0.9686$	0.99	0.487	0.206	壮年期
4	1933.36	30.33	$y=-1.4964x^3+2.2592x^2-1.7292x+0.9748$	1.00	0.489	0.204	壮年期
5	2255.59	10.12	$y=-2.2881x^3+3.0628x^2-1.7288x+1.0348$	0.99	0.619	0.098	幼年期
6	1825.95	16.74	$y=-2.5681x^3+3.5175x^2-2.0191x+1.1702$	0.99	0.691	0.061	幼年期
7	1396.32	13.96	$y=-1.5259x^3+2.4554x^2-1.8961x+1.0311$	0.99	0.520	0.174	壮年期
8	751.86	1.91	$y=-2.3127x^3+2.9054x^2-1.5754x+1.0969$	0.97	0.699	0.057	幼年期
9	859.27	1.64	$y=-2.0214x^3+2.7426x^2-1.8285x+1.204$	0.98	0.699	0.057	幼年期
10	1288.91	10.43	$y=-1.7431x^3+2.7294x^2-1.9816x+0.9987$	1.00	0.482	0.212	壮年期
11	1825.95	15.55	$y=-1.5042x^3+1.8231x^2-1.3x+1.0074$	1.00	0.589	0.118	壮年期
12	1396.32	9.86	$y=-1.8622x^3+2.913x^2-1.9698x+0.9661$	0.99	0.487	0.207	壮年期
13	2255.59	32.75	$y=-2.2307x^3+3.0903x^2-1.7447x+0.9869$	0.98	0.587	0.120	壮年期
14	1503.72	15.26	$y=-2.6888x^3+4.2032x^2-2.3764x+0.919$	0.98	0.460	0.237	壮年期
15	1503.72	14.42	$y=-0.7839x^3+1.7095x^2-1.8785x+1.01$	0.99	0.445	0.255	壮年期
16	1611.13	14.14	$y=-1.4456x^3+1.8975x^2-1.5325x+1.1511$	0.99	0.656	0.078	幼年期
17	1933.36	23.41	$y=-2.224x^3+2.9154x^2-1.6243x+1.0169$	0.99	0.621	0.098	幼年期
18	2363.00	33.56	$y=-2.0614x^3+3.1322x^2-2.0155x+0.973$	1.00	0.494	0.199	壮年期
19	1611.13	18.32	$y=-1.7573x^3+3.0077x^2-2.1497x+0.9296$	0.99	0.418	0.290	壮年期
20	2040.77	20.37	$y=-1.6032x^3+2.6387x^2-1.9769x+0.9629$	1.00	0.453	0.245	壮年期
21	1503.72	21.59	$y=-1.7507x^3+2.4592x^2-1.635x+1.0003$	0.99	0.565	0.136	壮年期
22	1396.32	11.42	$y=-2.4735x^3+3.5506x^2-1.9769x+1.0024$	0.98	0.589	0.126	壮年期
23	214.82	9.72	$y=-2.5054x^3+3.5471x^2-2.1439x+1.1993$	0.99	0.683	0.064	幼年期
24	1825.95	19.31	$y=-2.4364x^3+3.656x^2-2.1077x+0.9451$	0.99	0.501	0.192	壮年期
25	2148.18	19.91	$y=1.9759x^3-2.9904x^2+0.0259x+1.0094$	1.00	0.520	0.174	壮年期
26	1396.32	13.37	$y=-1.6853x^3+2.6449x^2-1.8881x+0.9575$	0.99	0.474	0.221	壮年期

续附表

流域编号	相对高差(m)	流域面积(km²)	拟合方程	R^2	S	H	发育阶段
27	1933.36	16.53	$y=-1.2273x^3+1.3983x^2-1.0973x+0.9745$	1.00	0.585	0.121	壮年期
28	1611.13	21.38	$y=-2.193x^3+3.2522x^2-1.9845x+0.999$	0.99	0.543	0.154	壮年期
29	1718.54	5.10	$y=-1.8314x^3+2.1991x^2-1.2815x+0.9921$	0.99	0.627	0.094	幼年期
30	2577.81	32.53	$y=-1.82x^3+2.5735x^2-1.6815x+0.9974$	0.99	0.559	0.140	壮年期
31	2040.77	13.06	$y=-1.8886x^3+2.4007x^2-1.5843x+1.1516$	0.99	0.688	0.062	幼年期
32	1396.32	10.28	$y=-2.5532x^3+3.8667x^2-2.2624x+0.9743$	1.00	0.494	0.200	壮年期
33	1181.50	15.76	$y=-2.6005x^3+4.2217x^2-2.5297x+0.9196$	0.99	0.412	0.299	壮年期
34	966.68	9.51	$y=-2.1715x^3+3.3225x^2-2.0589x+1.0081$	0.98	0.543	0.153	壮年期
35	2040.77	10.19	$y=-2.0121x^3+2.7628x^2-1.7759x+1.0804$	1.00	0.680	0.065	幼年期
36	1825.95	24.28	$y=-2.6516x^3+3.7168x^2-1.9808x+0.9752$	0.99	0.561	0.139	壮年期
37	2577.81	30.27	$y=-2.2734x^3+3.5849x^2-2.2332x+0.9652$	1.00	0.475	0.219	壮年期
38	1718.54	13.50	$y=-1.0584x^3+1.527x^2-1.541x+1.1237$	1.00	0.598	0.112	壮年期
39	859.27	25.36	$y=-1.5189x^3+2.5801x^2-2.0175x+1.0102$	0.99	0.482	0.212	壮年期
40	1933.36	11.59	$y=-3.0869x^3+5.0836x^2-2.8621x+0.8852$	0.97	0.377	0.353	壮年期
41	2363.00	25.12	$y=-1.8842x^3+3.1294x^2-2.117x+0.9375$	0.99	0.451	0.247	壮年期
42	1611.13	10.41	$y=-1.792x^3+2.8676x^2-1.9728x+0.9227$	0.99	0.444	0.256	壮年期
43	1933.36	6.80	$y=-1.677x^3+1.9844x^2-1.286x+1.0471$	1.00	0.646	0.083	幼年期
44	1718.54	11.02	$y=-1.7579x^3+2.5011x^2-1.6822x+1.0301$	0.99	0.583	0.122	壮年期
45	1933.36	17.83	$y=-1.2735x^3+1.6143x^2-1.3368x+1.0521$	1.00	0.603	0.109	幼年期
46	2040.77	18.14	$y=-1.3024x^3+2.044x^2-1.7077x+1.0488$	0.99	0.551	0.147	壮年期
47	1611.13	9.28	$y=-1.9351x^3+2.5176x^2-1.5001x+0.9912$	0.99	0.597	0.113	壮年期
48	2363.00	12.97	$y=-1.6x^3+2.5336x^2-1.8535x+0.9583$	1.00	0.476	0.218	壮年期
49	1825.95	39.12	$y=-2.5685x^3+4.4131x^2-2.7213x+0.9279$	0.99	0.396	0.322	壮年期
50	2040.77	11.82	$y=-1.4807x^3+1.6951x^2-1.2308x+1.0504$	1.00	0.630	0.092	幼年期
51	2363.00	22.15	$y=-1.4835x^3+2.3919x^2-1.7974x+0.9614$	0.99	0.489	0.204	壮年期
52	2577.81	9.46	$y=-1.7558x^3+2.684x^2-1.8643x+0.981$	1.00	0.505	0.189	壮年期
53	2792.63	28.13	$y=-0.6058x^3+1.366x^2-1.7225x+0.9829$	1.00	0.426	0.280	壮年期

续附表

流域编号	相对高差(m)	流域面积(km²)	拟合方程	R^2	S	H	发育阶段
54	1933.36	7.64	$y=-1.4947x^3+1.9091x^2-1.4468x+1.1062$	0.99	0.645	0.083	幼年期
55	1718.54	5.27	$y=-1.2916x^3+1.8182x^2-1.5937x+1.1436$	0.99	0.630	0.092	幼年期
56	2577.81	38.51	$y=-1.2322x^3+2.6237x^2-2.3402x+0.9742$	1.00	0.371	0.363	壮年期
57	3114.86	54.27	$y=-1.7699x^3+3.0732x^2-2.1791x+0.9071$	0.99	0.399	0.317	壮年期
58	2363.00	20.28	$y=-1.8377x^3+2.9736x^2-2.076x+0.9814$	1.00	0.475	0.219	壮年期
59	2363.00	11.53	$y=-1.1144x^3+1.7273x^2-1.5981x+1.0222$	1.00	0.520	0.174	壮年期
60	2792.63	17.61	$y=-1.4825x^3+2.6968x^2-2.137x+0.9411$	1.00	0.401	0.315	壮年期
61	1825.95	17.11	$y=-2.9243x^3+4.2372x^2-2.1922x+0.9523$	0.99	0.538	0.158	壮年期
62	1611.13	27.33	$y=-2.3844x^3+3.4998x^2-2.033x+1.0197$	0.98	0.574	0.129	壮年期
63	1503.72	7.14	$y=-1.1874x^3+1.6777x^2-1.4441x+1.0027$	1.00	0.543	0.154	壮年期
64	2255.59	11.68	$y=-0.7295x^3+0.8832x^2-1.1426x+1.0503$	1.00	0.591	0.117	壮年期
65	2470.40	12.36	$y=-1.4719x^3+2.0317x^2-1.4829x+0.9904$	0.99	0.558	0.141	壮年期
66	1288.91	15.86	$y=-2.2782x^3+3.6418x^2-2.2988x+1.0131$	0.99	0.507	0.187	壮年期
67	1825.95	19.65	$y=-2.2731x^3+3.0627x^2-1.7081x+0.9865$	0.99	0.585	0.121	壮年期
68	2685.22	11.84	$y=-1.1532x^3+2.0163x^2-1.831x+1.007$	1.00	0.475	0.219	壮年期
69	1718.54	6.17	$y=-2.2144x^3+2.9805x^2-1.8903x+1.1829$	1.00	0.678	0.067	幼年期
70	2685.22	56.08	$y=-2.3306x^3+3.7994x^2-2.3688x+0.9439$	0.99	0.443	0.257	壮年期
71	2148.18	36.61	$y=-2.6383x^3+4.4308x^2-2.662x+0.9195$	0.99	0.406	0.308	壮年期
72	1718.54	13.27	$y=-0.1015x^3-0.017x^2-0.9215x+1.0396$	1.00	0.548	0.150	壮年期
73	2363.00	20.45	$y=-1.7163x^3+3.0045x^2-2.2118x+0.9717$	1.00	0.438	0.263	壮年期
74	1288.91	20.30	$y=-2.5311x^3+3.8614x^2-2.2495x+1.0363$	0.98	0.566	0.135	壮年期
75	2148.18	11.60	$y=-1.5036x^3+1.7757x^2-1.2178x+1.0144$	1.00	0.622	0.097	幼年期
76	1288.91	13.33	$y=-1.8129x^3+2.62x^2-1.7557x+1.007$	0.99	0.549	0.148	壮年期
77	2040.77	29.64	$y=-3.3141x^3+5.429x^2-2.9923x+0.9455$	0.99	0.430	0.273	壮年期
78	2040.77	14.73	$y=-1.7811x^3+2.4846x^2-1.603x+0.9962$	0.99	0.578	0.126	壮年期
79	2040.77	10.35	$y=-0.1217x^3-0.034x^2-0.9x+1.0734$	1.00	0.582	0.124	壮年期
80	1933.36	19.35	$y=-1.9592x^3+2.8576x^2-1.8483x+0.948$	1.00	0.487	0.207	壮年期

续附表

流域编号	相对高差(m)	流域面积(km²)	拟合方程	R^2	S	H	发育阶段
81	1718.54	5.47	$y=-1.1591x^3+1.415x^2-1.3363x+1.1252$	1.00	0.639	0.087	幼年期
82	1825.95	15.40	$y=-2.5235x^3+3.9542x^2-2.3092x+0.9485$	0.99	0.481	0.213	壮年期
83	2363.00	17.46	$y=-2.1246x^3+3.6234x^2-2.4073x+0.9528$	0.99	0.426	0.280	壮年期
84	2040.77	15.05	$y=-1.5346x^3+1.4625x^2-0.9497x+1.0374$	1.00	0.666	0.072	幼年期
85	1503.72	17.90	$y=-1.705x^3+2.4241x^2-1.6801x+1.0226$	1.00	0.564	0.136	壮年期
86	1288.91	14.29	$y=-1.2033x^3+2.2568x^2-1.9947x+0.9912$	0.99	0.445	0.254	壮年期
87	1288.91	7.17	$y=-1.6097x^3+2.304x^2-1.6126x+0.9927$	0.99	0.552	0.146	壮年期
88	1933.36	7.41	$y=-2.0978x^3+2.5981x^2-1.4524x+0.9995$	1.00	0.615	0.101	壮年期
89	1933.36	9.25	$y=-2.6144x^3+3.0921x^2-1.4617x+1.0654$	0.99	0.712	0.052	幼年期
90	1074.09	7.72	$y=-2.7257x^3+3.7279x^2-1.9357x+1.0419$	0.98	0.635	0.089	幼年期
91	2577.81	41.96	$y=-1.4886x^3+2.525x^2-1.9361x+0.9658$	0.99	0.467	0.228	壮年期
92	1181.50	2.08	$y=-1.5639x^3+2.2334x^2-1.7366x+1.1295$	0.99	0.615	0.101	幼年期
93	1074.09	10.10	$y=-2.1194x^3+3.4197x^2-2.2196x+1.0047$	0.99	0.505	0.188	壮年期
94	2470.40	10.57	$y=-1.9646x^3+3.2998x^2-2.2542x+0.9426$	1.00	0.424	0.282	壮年期
95	1503.72	3.21	$y=-1.481x^3+2.4156x^2-1.9336x+1.0146$	1.00	0.483	0.211	壮年期
96	2148.18	13.63	$y=-1.108x^3+1.5668x^2-1.4438x+1.0586$	0.99	0.582	0.123	壮年期
97	2148.18	10.18	$y=-1.5579x^3+2.3484x^2-1.7648x+1.0531$	0.99	0.564	0.137	壮年期
98	1074.09	9.40	$y=-1.0264x^3+1.8381x^2-1.7604x+0.9799$	0.99	0.456	0.242	壮年期
99	2577.81	14.65	$y=-1.5516x^3+2.3443x^2-1.7181x+0.9603$	1.00	0.495	0.198	壮年期
100	2148.18	6.40	$y=0.0867x^3-0.0868x^2-1.0009x+1.085$	0.99	0.577	0.127	壮年期
101	2577.81	51.53	$y=-2.0473x^3+3.1601x^2-2.023x+0.9771$	0.99	0.507	0.186	壮年期
102	1825.95	6.39	$y=-2.0051x^3+2.4853x^2-1.5938x+1.174$	1.00	0.704	0.055	幼年期
103	2685.22	9.70	$y=-2.1758x^3+3.5834x^2-2.2835x+0.9328$	0.99	0.442	0.259	壮年期
104	2148.18	19.91	$y=-2.2448x^3+3.3066x^2-1.9219x+0.9337$	0.99	0.514	0.180	壮年期
105	2363.00	9.67	$y=-1.4215x^3+2.1704x^2-1.6855x+0.9679$	0.99	0.493	0.200	壮年期
106	1611.13	5.52	$y=-2.5374x^3+3.2947x^2-1.8561x+1.1361$	1.00	0.672	0.070	幼年期
107	2792.63	22.30	$y=-1.3363x^3+2.1076x^2-1.7309x+0.9964$	1.00	0.499	0.192	壮年期

续附表

流域编号	相对高差(m)	流域面积(km^2)	拟合方程	R^2	S	H	发育阶段
108	2148.18	11.98	$y=-0.4455x^3+0.5892x^2-1.1713x+1.0562$	1.00	0.556	0.143	壮年期
109	2792.63	15.38	$y=-0.8529x^3+1.3762x^2-1.4637x+0.9663$	1.00	0.480	0.214	壮年期
110	1611.13	10.62	$y=-2.2892x^3+4.0568x^2-2.6827x+0.966$	0.99	0.405	0.309	壮年期
111	1288.91	1.94	$y=-2.6589x^3+3.3419x^2-1.6753x+1.0628$	0.99	0.674	0.068	幼年期
112	1396.32	9.00	$y=-1.6427x^3+2.7149x^2-1.9841x+0.967$	0.99	0.469	0.226	壮年期
113	2577.81	12.52	$y=-0.9938x^3+1.6512x^2-1.585x+0.9591$	1.00	0.469	0.227	壮年期
114	2040.77	57.67	$y=-2.3752x^3+3.941x^2-2.4389x+0.9165$	0.99	0.417	0.292	壮年期
115	2792.63	23.91	$y=-1.9926x^3+3.0673x^2-1.9899x+0.9601$	1.00	0.489	0.204	壮年期
116	2255.59	22.25	$y=-0.8002x^3+1.1451x^2-1.2981x+1.0098$	1.00	0.542	0.154	壮年期
117	2792.63	12.32	$y=-1.9061x^3+3.0738x^2-2.0796x+0.9397$	0.99	0.448	0.251	壮年期
118	2040.77	11.28	$y=-1.6405x^3+2.4581x^2-1.7272x+0.9625$	1.00	0.508	0.185	壮年期
119	1933.36	5.21	$y=-0.8875x^3+1.2203x^2-1.3296x+1.0347$	1.00	0.555	0.144	壮年期
120	2685.22	9.75	$y=-2.0222x^3+3.2272x^2-2.074x+0.9267$	0.99	0.460	0.237	壮年期
121	2363.00	22.15	$y=-1.7567x^3+2.5391x^2-1.7068x+0.9801$	1.00	0.534	0.161	壮年期
122	2040.77	42.09	$y=-34.754x^5+86.347x^4-78.204x^3+31.559x^2-5.9417x+0.9264$	0.99	0.401	0.314	壮年期
123	2148.18	32.44	$y=-0.4624x^3+0.4334x^2-0.9709x+1.0694$	0.99	0.613	0.103	幼年期
124	1933.36	10.05	$y=-2.4608x^3+3.4172x^2-2.0774x+1.1895$	0.99	0.675	0.068	幼年期
125	1933.36	16.68	$y=-0.9636x^3+1.2627x^2-1.2862x+1.0362$	1.00	0.573	0.130	壮年期
126	2363.00	33.82	$y=-1.9901x^3+2.5878x^2-1.5365x+1.0355$	0.99	0.635	0.089	幼年期
127	2363.00	30.38	$y=-1.452x^3+2.756x^2-2.2198x+0.9422$	0.99	0.388	0.335	壮年期
128	1825.95	15.64	$y=-0.625x^3+1.2715x^2-1.7256x+1.1042$	1.00	0.509	0.184	壮年期
129	1503.72	10.39	$y=-1.6188x^3+2.2954x^2-1.7767x+1.1721$	0.99	0.644	0.084	幼年期
130	1718.54	14.96	$y=-3.0295x^3+5.3682x^2-3.2227x+0.9157$	0.99	0.336	0.426	壮年期
131	2577.81	18.76	$y=-0.7757x^3+0.9633x^2-1.0954x+0.9619$	0.99	0.541	0.155	壮年期
132	1841.95	8.09	$y=-0.9349x^3+1.6828x^2-1.8385x+1.1275$	1.00	0.535	0.160	壮年期
133	1611.13	6.37	$y=-1.4431x^3+1.7288x^2-1.2431x+1.0231$	0.99	0.617	0.100	幼年期
134	1825.95	14.15	$y=-0.7655x^3+1.1836x^2-1.4592x+1.0781$	1.00	0.552	0.146	壮年期

续附表

流域编号	相对高差(m)	流域面积(km²)	拟合方程	R^2	S	H	发育阶段
135	1718.54	12.28	$y=-1.0281x^3+1.3115x^2-1.3416x+1.1081$	1.00	0.617	0.100	幼年期
136	2792.63	29.72	$y=-0.6186x^3+0.398x^2-0.7619x+1.0178$	1.00	0.615	0.101	幼年期
137	2148.18	9.46	$y=-1.6195x^3+2.4597x^2-1.7555x+0.976$	0.99	0.513	0.180	壮年期
138	1396.32	3.74	$y=-1.2755x^3+1.8229x^2-1.641x+1.1503$	1.00	0.619	0.099	幼年期
139	2792.63	20.17	$y=-1.5382x^3+2.5294x^2-1.9688x+1.0137$	1.00	0.488	0.206	壮年期
140	1611.13	18.53	$y=-1.8141x^3+3.3159x^2-2.4225x+0.9577$	1.00	0.398	0.319	壮年期
141	2363.00	31.84	$y=-2.4469x^3+3.9839x^2-2.3846x+0.9209$	0.99	0.445	0.255	壮年期
142	1933.36	11.00	$y=-1.955x^3+3.495x^2-2.4449x+0.9407$	1.00	0.395	0.325	壮年期
143	2363.00	9.50	$y=-1.5635x^3+1.8511x^2-1.3393x+1.092$	1.00	0.649	0.082	幼年期
144	1825.95	10.37	$y=-1.8594x^3+3.0745x^2-2.118x+0.913$	0.99	0.414	0.296	壮年期
145	2363.00	22.23	$y=-1.4804x^3+2.3761x^2-1.8444x+0.9896$	1.00	0.489	0.204	壮年期
146	2255.59	6.09	$y=-1.3334x^3+1.4604x^2-1.1433x+1.0745$	1.00	0.656	0.077	幼年期
147	1825.95	10.87	$y=-2.2808x^3+4.1157x^2-2.7548x+0.9585$	1.00	0.383	0.343	壮年期
148	2040.77	4.87	$y=-1.9592x^3+2.6744x^2-1.6607x+1.033$	0.99	0.604	0.108	幼年期
149	2040.77	16.06	$y=-1.7206x^3+2.6939x^2-1.9037x+0.9664$	1.00	0.482	0.211	壮年期
150	2148.18	9.18	$y=-2.007x^3+3.2221x^2-2.1528x+0.9784$	1.00	0.474	0.220	壮年期
151	1825.95	3.55	$y=-1.3506x^3+1.5899x^2-1.3471x+1.1735$	0.99	0.692	0.060	幼年期
152	2685.22	5.93	$y=0.1876x^3-0.4052x^2-0.751x+1.0296$	1.00	0.566	0.135	壮年期
153	1503.72	12.18	$y=-1.3985x^3+1.778x^2-1.352x+1.04$	0.99	0.607	0.106	幼年期
154	1825.95	11.40	$y=-1.9922x^3+3.3549x^2-2.2741x+0.9608$	0.99	0.444	0.256	壮年期
155	1181.50	3.97	$y=0.0629x^3-0.6865x^2-0.3654x+0.9963$	1.00	0.600	0.110	幼年期
156	2148.18	57.41	$y=-2.1936x^3+3.609x^2-2.3224x+0.9558$	0.99	0.448	0.250	壮年期
157	2363.00	11.88	$y=-1.3944x^3+2.3385x^2-1.9472x+1.0225$	1.00	0.480	0.214	壮年期
158	2148.18	9.55	$y=-0.2325x^3-0.5745x^2-0.1844x+1.0336$	1.00	0.692	0.060	幼年期
159	2148.18	10.86	$y=-0.9682x^3+1.7469x^2-1.7219x+0.9848$	1.00	0.464	0.232	壮年期
160	1396.32	10.73	$y=-1.9106x^3+2.7531x^2-1.7654x+0.9834$	0.99	0.541	0.156	壮年期
161	1611.13	13.68	$y=-1.4922x^3+2.1222x^2-1.5949x+1.0614$	0.99	0.598	0.112	壮年期

续附表

流域编号	相对高差(m)	流域面积(km²)	拟合方程	R^2	S	H	发育阶段
162	2255.59	9.25	$y=-1.6517x^3+3.0308x^2-2.3402x+0.984$	1.00	0.411	0.300	壮年期
163	1933.36	18.34	$y=-1.2945x^3+2.113x^2-1.7344x+0.9726$	0.99	0.486	0.207	壮年期
164	1288.91	12.06	$y=-2.2305x^3+3.121x^2-1.8574x+1.0948$	0.97	0.641	0.086	幼年期
165	966.68	5.27	$y=-5.0364x^3+8.7496x^2-5.8136x+2.1865$	0.99	0.937	0.002	幼年期
166	1181.50	7.45	$y=-2.6468x^3+4.3714x^2-3.1347x+1.438$	1.00	0.666	0.072	幼年期
167	1825.95	12.99	$y=-2.6424x^3+3.8879x^2-2.3718x+1.1876$	1.00	0.637	0.088	幼年期
168	1074.09	1.70	$y=0.1079x^3-1.5503x^2+0.4784x+0.9635$	1.00	0.713	0.051	幼年期
169	2040.77	36.20	$y=-1.7051x^3+2.6694x^2-1.9729x+1.0546$	0.99	0.532	0.163	壮年期
170	1718.54	9.22	$y=-0.9743x^3+1.5592x^2-1.5102x+0.9657$	1.00	0.487	0.207	壮年期
171	2148.18	39.22	$y=-1.6209x^3+2.6307x^2-1.9202x+0.9513$	1.00	0.463	0.233	壮年期
172	2577.81	52.98	$y=-1.8364x^3+2.8128x^2-1.8969x+1.002$	0.99	0.532	0.163	壮年期
173	2040.77	10.90	$y=-1.5546x^3+2.0201x^2-1.4955x+1.1102$	0.99	0.647	0.082	幼年期
174	1396.32	4.70	$y=-2.7721x^3+4.2584x^2-2.4749x+0.9977$	1.00	0.487	0.207	壮年期
175	1503.72	3.61	$y=-2.1046x^3+2.7285x^2-1.6311x+1.0957$	0.99	0.664	0.074	幼年期
176	2040.77	6.10	$y=-0.9762x^3+1.358x^2-1.3389x+1.0171$	1.00	0.562	0.138	壮年期
177	1181.50	8.60	$y=-1.9098x^3+2.6101x^2-1.8222x+1.1863$	0.99	0.668	0.072	幼年期
178	1181.50	9.52	$y=-2.8731x^3+4.0217x^2-2.2988x+1.2448$	0.98	0.718	0.049	幼年期
179	1181.50	5.92	$y=-3.2283x^3+4.9164x^2-2.8301x+1.2683$	0.97	0.685	0.063	幼年期
180	1288.91	4.99	$y=-2.5032x^3+3.3742x^2-2.065x+1.2603$	0.99	0.727	0.046	幼年期
181	1933.36	14.47	$y=-1.3632x^3+1.7202x^2-1.4873x+1.1318$	1.00	0.621	0.098	幼年期
182	1181.50	3.69	$y=-1.5107x^3+2.1134x^2-1.6677x+1.141$	0.99	0.634	0.634	壮年期
183	1396.32	4.05	$y=-1.9365x^3+2.1182x^2-1.2221x+1.1202$	0.99	0.731	0.044	幼年期
184	1503.72	4.62	$y=-1.2815x^3+1.4684x^2-1.2051x+1.0941$	0.99	0.661	0.075	幼年期
185	1288.91	2.69	$y=-1.374x^3+1.3822x^2-1.0203x+1.0725$	0.99	0.680	0.066	幼年期
186	2363.00	11.58	$y=-1.3538x^3+1.7325x^2-1.3943x+1.0559$	1.00	0.598	0.112	壮年期
187	2255.59	5.07	$y=-1.217x^3+1.2487x^2-1.0544x+1.0787$	1.00	0.663	0.074	幼年期
188	1825.95	6.05	$y=-1.7227x^3+2.2074x^2-1.5549x+1.0931$	1.00	0.621	0.098	幼年期

续附表

流域编号	相对高差(m)	流域面积(km²)	拟合方程	R^2	S	H	发育阶段
189	1503.72	4.80	$y=-1.353x^3+1.573x^2-1.362x+1.198$	1.00	0.703	0.055	幼年期
190	1718.54	8.90	$y=-1.0133x^3+1.0081x^2-1.044x+1.0999$	1.00	0.661	0.075	幼年期
191	1825.95	7.87	$y=-1.8164x^3+2.0599x^2-1.2732x+1.1078$	0.99	0.704	0.055	幼年期
192	537.04	0.71	$y=-2.2529x^3+3.307x^2-2.3419x+1.3633$	0.98	0.732	0.044	幼年期
193	859.27	2.18	$y=-3.9717x^3+5.5639x^2-2.9466x+1.4255$	0.99	0.664	0.074	幼年期
194	1611.13	4.14	$y=-1.611x^3+2.5257x^2-1.959x+1.105$	0.99	0.565	0.136	壮年期
195	1181.50	2.63	$y=-3.2474x^3+4.5377x^2-2.53x+1.3599$	0.97	0.796	0.024	幼年期
196	1396.32	3.46	$y=-2.7237x^3+3.4679x^2-1.9506x+1.2405$	1.00	0.740	0.041	幼年期
197	1288.91	7.62	$y=-2.167x^3+2.9959x^2-2.0401x+1.2761$	0.99	0.713	0.051	幼年期
198	644.45	1.37	$y=-4.4878x^3+7.4027x^2-4.6791x+1.8496$	0.98	0.856	0.012	幼年期
199	1396.32	4.36	$y=-2.2595x^3+3.2015x^2-2.2421x+1.3665$	0.99	0.748	0.038	幼年期
200	966.68	2.01	$y=-2.5373x^3+3.6794x^2-2.4479x+1.3604$	0.99	0.729	0.045	幼年期
201	1503.72	5.86	$y=-2.5282x^3+3.5937x^2-2.237x+1.2546$	0.99	0.702	0.056	幼年期
202	1933.36	6.49	$y=-1.4027x^3+2.1816x^2-1.8874x+1.1729$	0.99	0.606	0.107	幼年期
203	859.27	1.94	$y=-3.3645x^3+5.5787x^2-3.8708x+1.7194$	0.99	0.802	0.023	幼年期
204	1396.32	4.02	$y=-2.9915x^3+4.4131x^2-2.7112x+1.3768$	0.99	0.744	0.040	幼年期
205	1503.72	9.51	$y=-1.6716x^3+1.9944x^2-1.4751x+1.2023$	1.00	0.712	0.052	幼年期
206	1396.32	4.35	$y=-4.9486x^3+8.1303x^2-5.0181x+1.9494$	0.98	0.913	0.004	幼年期
207	859.27	3.65	$y=-4.2401x^3+6.9906x^2-4.7316x+2.0265$	0.99	0.931	0.003	幼年期
208	537.04	1.27	$y=-4.4508x^3+6.7911x^2-4.2517x+1.9337$	1.00	0.959	0.001	幼年期
209	751.86	1.07	$y=-4.7876x^3+7.6132x^2-4.6567x+1.8973$	0.99	0.910	0.004	幼年期
210	1933.36	13.18	$y=-1.477x^3+1.5583x^2-1.086x+1.0716$	1.00	0.679	0.066	幼年期
211	2255.59	12.81	$y=-0.8414x^3+0.7977x^2-0.9586x+1.0487$	1.00	0.625	0.095	幼年期
212	1396.32	2.55	$y=-1.3151x^3+1.5938x^2-1.2848x+1.0882$	0.99	0.648	0.082	幼年期
213	2040.77	10.83	$y=-1.6155x^3+1.8508x^2-1.1804x+1.0255$	0.99	0.648	0.073	幼年期
214	1611.13	2.71	$y=-2.0671x^3+2.4752x^2-1.3502x+1.0324$	0.99	0.666	0.062	幼年期
215	1933.36	5.04	$y=-1.1821x^3+1.0925x^2-0.8798x+1.0262$	1.00	0.655	0.078	幼年期
216	2363.00	9.24	$y=-1.2888x^3+1.7768x^2-1.4366x+1.0239$	1.00	0.576	0.128	壮年期
217	2040.77	9.58	$y=-2.0406x^3+3.3158x^2-2.187x+0.9725$	0.99	0.474	0.220	壮年期